JN174529

今度こそ理解できる！

シュレーディンガー方程式入門

榛葉 豊 著

化学同人

はじめに

量子力学は物理学の基礎理論であるというのみならず，直接・間接に，化学，電子工学，宇宙論，量子情報理論などといった現代科学技術文明すべてのおおもとであり，また現代の世界観のよって立つ根拠でもあります．素粒子，宇宙の始まり，超伝導という非日常的な現象や不思議なふるまい，そして何より原子や分子というような「物質」が安定して存在できること，そしてその結果として私たちのような生命体が存在することも，量子力学によって初めて説明されうるのです．原子の性質，分子のいろいろな性質，ナノ材料の設計，半導体や誘電体，磁性体の性質，原子力や核融合，長さや時間のような度量衡の定義，レーザー……，さかのぼればあれもこれも量子力学が根拠になっています．ニュートン力学とともに，こんなに成功した理論はほかにはないでしょう．その量子力学の基礎方程式となるのが「シュレーディンガー方程式」です．

では，量子力学を理解するとはどういうことをいうのでしょうか．物質科学諸分野の専門家になろうというのならば，量子力学が開示する世界観についての深い考察や共感よりも，むしろ，量子力学を使いこなすことが求められます．それは，自転車に乗ることとか料理のこつを掴むように，体感，習得，身体化するという作業になります．その点で，量子力学は料理のレシピ集のようなものだといわれます．理屈はわからなくてもとにかくその通りにうまくやれば，あるレベルの料理ができる……．

しかし，そのようなやり方でうまくいく理由は説明されないし，もちろん納得もできていないわけです．量子力学は「それを理解するにはいまだ未熟な人類に，神が数百年早まって教えてしまった」計算法だといった物理学者もいました．

量子力学を身体化できれば，物質科学の諸方面に進んでいくことができます．そこでは，シュレーディンガー方程式を解くという作業は，ほとんどの場合コンピュータでおこないます．そのときに，理論的な理解があれば，数値解の異常や，解の収束の速さといったことについて，直感的・定性的な見当をつけることはできます．

しかし，量子力学を使って何か仕事をしたい人以外にとっては，量子力学をわかりたいというのは，そういうことではないでしょう．量子力学で物質世界の諸現象を説明するとは，どのようなやり方なのか，その結果どんな現象がうまく説明できるのか，先端技術や先端科学とどう関わっているのか，といったことを知りたいのではないでしょうか．そのような理論の歴史や世界観をわかりたいのではないでしょうか．

それに応えて，量子力学ができあがってきた経緯や，それに関与した天才たちの物語を解説した本があります．また，哲学的な側面に絞って書かれた本もあります．それから，量子力学でないと説明できない不思議な現象のあれこれを紹介した本もあります．

この本は，それらとは少し違っています．まずは，シュレーディンガー方程式を解くとはどんな作業で何を得ることをめざしているのか，ということから入り，実際にいろいろな場合のシュレーディンガー方程式を解く作業を通じて，概念としくみについての理解と共感を得ることをめざします．もちろん，なぜシュレーディンガー方程式に物質についての情報が込められているのか，という量子力学のしくみを解説することも忘れません．

数式が少ないほうがとっつきやすいのですが，それだとシュレーディンガー方程式を「体感」するのが難しいので，この本ではあえて，平易なものを精選吟味した数式を登場させたいと思います．

それでは，まずはシュレーディンガー方程式を見たことがないという人のための話から始めましょう．

本書で学ぶこと

猫先生

難しいところもあるが，下のフロー図のように，土台からていねいに説明するので，最後まで読んでほしいぞ！

ネズミ君

ほとんど知識がないのですが，猫先生が大丈夫だっていうから，がんばってみようと思います！

1次元 / 3次元

Step7「井戸型・階段型ポテンシャル」

Step8「周期的なポテンシャル」（エネルギーバンド）

Step9「調和振動子」

Step10「水素原子」（角運動量，スピン）

モデルで解いてみる

↑

Step5 自由電子状態，平面波の波動関数など ＋ **Step6** ガウス関数，最小不確定波束，時間変化など

単純な場合の波動関数

↑

Step4 状態ベクトル，交換関係，波動関数など

＋

Step3 ヒルベルト空間，期待値，規格化，固有値など

量子力学の土台構造

↑

Step2 微分・偏微分，線形結合，複素数など

数学手法の基礎

↑

Step1 イントロ

全体を見通す

もくじ

Step 1 シュレーディンガー方程式ってどんな形をしているの？

Step 2 シュレーディンガー方程式を理解するための数学を知っておこう

Step 3 シュレーディンガー方程式の舞台構造を知ろう

Step 8 周期的ポテンシャルのモデルから物質の電気的性質の理解へ

Step 9 調和振動子のシュレーディンガー方程式を解く

Step 10 3次元のシュレーディンガー方程式を考えると…――角運動量，スピン，水素原子モデル

Step 1

シュレーディンガー方程式ってどんな形をしているの？

シュレーディンガー方程式を見たことはあるかな？

あるような，ないような，やっぱりあるような……

うむ．まずはそこからじゃな．

1.1 シュレーディンガー方程式は何についての式か

シュレーディンガー方程式の形

シュレーディンガー方程式とはどんな方程式なのか，まずその形を見てみよう．

はい！

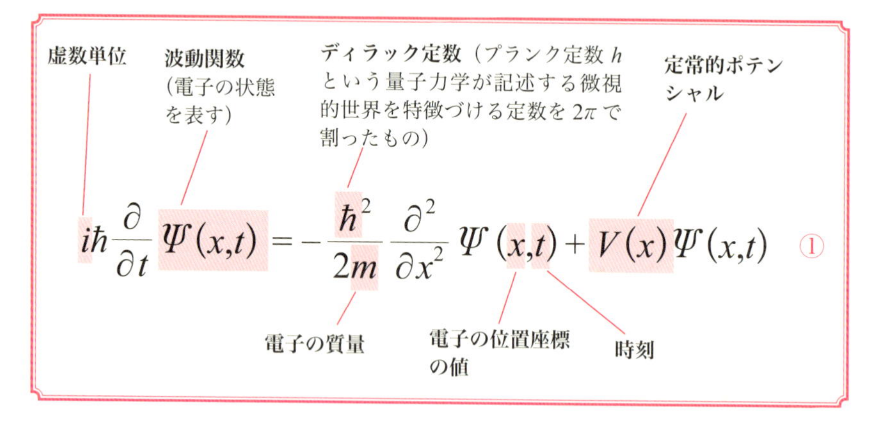

$$i\hbar\frac{\partial}{\partial t}\Psi(x,t)=-\frac{\hbar^2}{2m}\frac{\partial^2}{\partial x^2}\Psi(x,t)+V(x)\Psi(x,t) \quad ①$$

これが，**シュレーディンガー方程式**です．たとえば電子のようなミクロな対象の運動を記述します．少し詳しくいうと，電子の状態の変化を記述しています．ミクロの世界では，ニュートン力学では説明できない現象が生じてきます．そうした現象を記述するために，量子力学，そして，シュレーディンガー方程式が考え出されたのです．ですから，シュレーディンガー方程式では，電子の位置といっても日常で考えるのとは違い，その位置に粒子状の電子が存在するという意味ではありません．**波動関数**は，その絶対値の 2 乗が，電子の位置を測定した場合にその位置に電子が発見される確率の空間的分布を表すというものなのです．

ディラック記法というのもある

この方程式は，次のように書かれていることもよくあります．

$$i\hbar \frac{\partial}{\partial t}\langle x, \Psi \rangle = \left\{ -\frac{\hbar^2}{2m}\frac{\partial^2}{\partial x^2} + V(x) \right\} \langle x, \Psi \rangle \qquad ②$$

さらには，次のように簡潔に書かれていることもあります．

$$i\hbar \frac{\mathrm{d}}{\mathrm{d}t}|\Psi\rangle = \hat{H}|\Psi\rangle \qquad ②'$$

これらは**ディラック記法**という記号法で書いたシュレーディンガー方程式です．波動関数 $\Psi(x,t)$ のところが，②では $\langle x, \Psi \rangle$ となっています．また②′では $|\Psi\rangle$ という記号になっています．また，②′のほうは｛　｝の部分が $\hat{H}$ と書かれています．

式①と式②または②′のどちらを先に登場させようかちょっと悩みましたが，実はこの２つの式は同じなのです．同じなのですが，違

式②の $\langle x, \Psi \rangle$ はベクトルの「内積」というものを表し，式②′の $|\Psi\rangle$ は「ケット・ベクトル」というものじゃ．どちらも Step 3 で詳しく説明するが，式①の「波動関数」にあたるものだぞ．

さんぽ道　ディラック記法のよさ

式①と式②②′では別に違いはあまりないと感じるでしょうが，先に進むとベクトルで状態を表したほうが，見通しがずっとよくなります．それは，いろいろな量子力学の計算をするときに簡潔に式が表され，しかも，記号の組み合わせの具合を見れば物理的な意味もよくわかるようになっているからです．物理学の美学者ディラックは，よい記号を考えればあとは記号が考えてくれる，といったと伝えられていますが，その通りだと思います．ディラック記法を用いると，間違えようがない，というのはいい過ぎですが，Step 3 で量子力学のしくみを見ていくときに，ディラック記法のよさがわかるでしょう．

う書き方をしているのにはちゃんと理由があります．シュレーディンガー方程式のどの側面に光を当てるかの違いです．

関数とベクトル

波動関数 $\Psi(x,t)$ は，一種の波の関数で，物理系がとりうる状態を量子力学の理論で表したものです．その波動関数の集合は，線形代数でいう線形空間の性質をもっていて，その無限次元空間の**ケット・ベクトル** $|\Psi\rangle$ に対応しているのです．詳しくは Step 3 →p.47 で説明しますが，図 1-1 を見て，まずはイメージだけつかんでください．

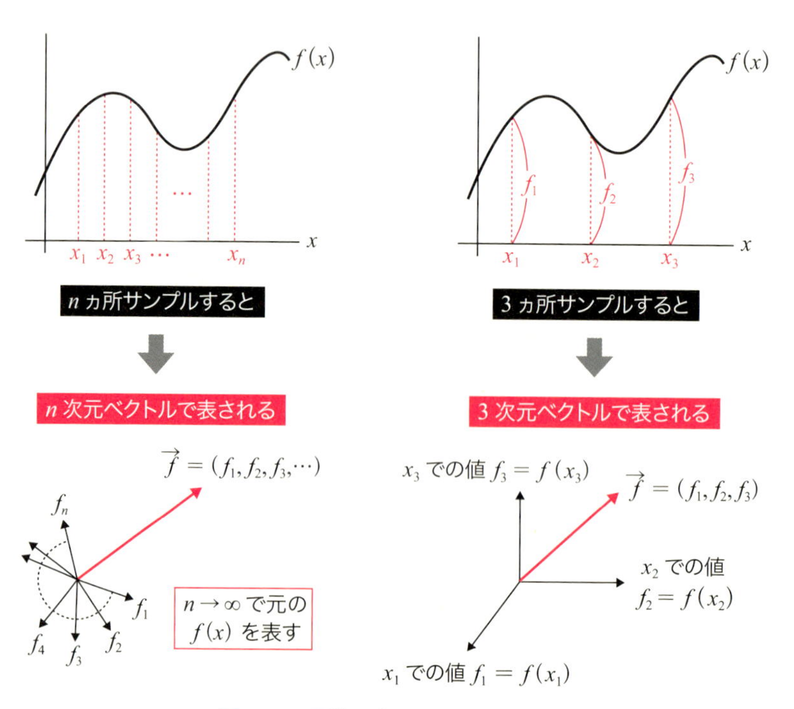

図 1-1　関数は多次元ベクトルである

この話は非常におもしろくて，実は，量子力学の数学構造の真骨頂なのじゃ．

えー，教えて，教えて！

Step 3 まで待つのじゃ．

1.2

作用素というものを使って書き表すと

式②′に現れている $\hat{H}$ は，式②の右辺の｛　｝の中を1つの記号で，

$$-\frac{\hbar^2}{2m}\frac{\partial^2}{\partial x^2}+V(x)=\hat{H} \qquad ③$$

と書いただけのように見えます．実は，②′の $|\Psi\rangle$ は抽象的なベクトルというもので，位置 x を変数とする以前のもので，$\hat{H}$ は，それに対する方程式に現れ，ベクトル $|\Psi\rangle$ に作用して別のベクトルに変換する**作用素（演算子）**というものなのです．そのことを表すために H の上に「ˆ」が付いています．この $\hat{H}$ は**ハミルトニアン作用素**（**ハミルトニアン演算子**）とよばれ，エネルギーを表します．上の式③の左辺は，ベクトル $|\Psi\rangle$ を x という変数で表示した場合のハミルトニアン作用素の表現なのです．

たとえば，ある関数に「微分する」という作用素を作用させると，すなわち関数を微分すると，別の関数（**導関数**）が得られる，ということです（図 1-2）．

また，作用素は行列で表すことができます．それについては Step 3 で説明します →p.56．

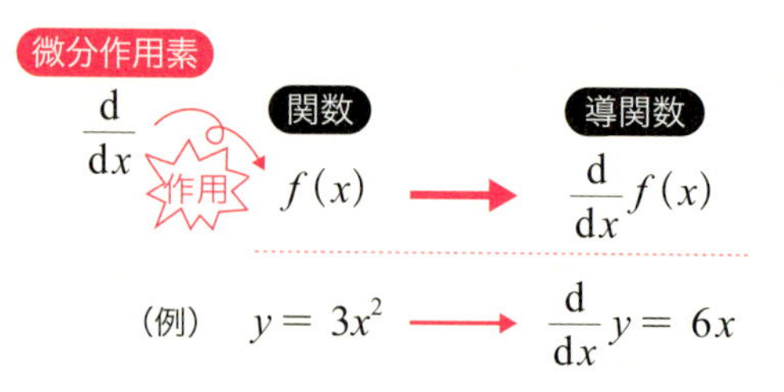

図 1-2　**微分も作用素である**

1.3

時間に依存しないシュレーディンガー方程式

この本でとり扱うのは，次の形式のシュレーディンガー方程式が中心になってきます．

$$\hat{H}|\Psi\rangle = E|\Psi\rangle$$

これは，**時間に依存しないシュレーディンガー方程式**とよばれます．ベクトルではなく波動関数の形で書くと，次のようになります．

$$-\frac{\hbar^2}{2m}\frac{\partial^2}{\partial x^2}\Psi(x) + V(x)\Psi(x) = E\Psi(x)$$

時間に依存しないというわけですから，波動関数の引数から変数 t がなくなっていて，時間的に状態が変化しない状態（**定常的な状態** →p.154）を表しています．

➡さんぽ道　**作用素と行列**

作用素を行列で表すことができるから，量子力学の初期に，ハイゼンベルクの行列力学とシュレーディンガーの波動力学が並び立ったのです．両者が同じことの別の表現だということを示したのはディラックでした．

この方程式を解くと，対応する物理系がとりうるエネルギー状態（**エネルギー準位**）とそのエネルギーでの波動関数 $\Psi(x)$ がわかります．波動関数がわかると，その物理系のいろいろな性質がそこから導かれるというしくみです．

関数 $y = f(x)$ において，x を独立変数，y を従属変数とよぶ．いわば入力と出力にあたるのじゃ．独立変数のことを「引数」とよぶこともあるぞ．

さて，ここまでシュレーディンガー方程式とはどんなものかを，記号の意味にはあまりかまわずに見てもらったわけじゃが，いかがかな．

何となくわかりました．意味はちんぷんかんぷんですが……

まあそんなもんじゃ．これからは，シュレーディンガー方程式を解くと何がわかるのかを見ていくぞ．

へーえ．

Step 2では，数学的にいうと微分方程式を解くとはどういうことなのかを，Step 3では，量子力学のしくみをヒルベルト空間論というもののもとで説明していくぞ．

ふーん．

その後は，いろいろなモデルを実際に解いてみて，物理的な意味とともに学んでいくぞ．

……

おい，寝るな！

Step 1 で学んだこと

1. シュレーディンガー方程式の形を確認した.
2. 波動関数をベクトルとして見るということを知った.
3. 作用素という考え方を知った.
4. 時間に依存しないシュレーディンガー方程式というものも知った.

Step 2

シュレーディンガー方程式を理解するための数学を知っておこう

シュレーディンガー方程式を理解するには，微分や複素数といった数学の理解が必要になるんじゃ．

えーっ，数学 !?　どうしても必要ですか？

ちょっとつらいかもしれないが，ここを乗り切れば，手がかりがつかめてくるから，がんばってみよう．

はーい．

2.1 微分方程式を解くとはどういうことか

シュレーディンガー方程式には，$\dfrac{\partial}{\partial t}$のような記号があるじゃろ．

えーっと（p.8を見て），はい確かにあります．

これは**偏微分**という操作を表す．だから数学的にいうと**偏微分方程式**というものに分類されるんだ．だが，偏微分方程式について考える前に，まずは「偏」のついていない**微分方程式**とはどういう方程式なのかを見ていったほうが，わかりやすいだろうな．

わかりやすいほうで，お願いします．

（ネズミ君には内緒でヒソヒソ声で）なお，数学知識をおもちの方は，このStep 2を飛ばしてもよいぞ．Step 3以降を読みながら，必要なときに参照すればＯＫじゃ．

方程式を解く

ただ単に方程式といったら，普通は等号で式と式を等置したものです．たとえば2次方程式

$$y = x^2 - 5x + 6 \qquad ①$$

は，xとyの値が勝手な値をとっても成り立つというのではなく，特別なxとyの値のときにだけ等号が成立します．式①において$y = 0$の場合を考えると，$0 = x^2 - 5x + 6$ですから，右辺を因数分解すれば$(x - 2)(x - 3)$となり，$x = 2$のときと，$x = 3$のときにだけ，右辺が0になって

等号が成立することがわかります．

このように等号が成立する x の値を求めることを，「**解く**」といい，解かれた数値のことを「**解**」といいます．

微分方程式を解く

それでは，**微分方程式**（偏微分方程式と区別するときには**常微分方程式**といいます）とはどういう方程式なのでしょうか．

微分方程式は，言葉でいえば，変数ではなく関数に対する方程式で，**微分**という操作が含まれているものです．ごく簡単な例を見てみましょう．

$N(t)$ の導関数　　時刻 t を変数とする関数

$$\frac{\mathrm{d}N(t)}{\mathrm{d}t} = 0.1 \times N(t) \qquad ②$$

$\dfrac{\mathrm{d}}{\mathrm{d}t}$ は t で微分することを表す

この微分方程式では，普通の方程式の未知数 x が未知関数 $N(t)$ に置き換わっているわけです．

では，この例の微分方程式は，どのような現象を表すことができるのでしょうか．たとえば，$N(t)$ が時刻 t における人口を表しているとしましょう．そうすると，この式の左辺は，人口の**変化率**（すなわち「ある時刻で単位時間にどれだけ人口が増加するか」）を表し，右辺では，左辺で示した人口の変化率は「その時刻での人口の 1 割である」ということを表します．この関係は，その方程式が定義されている時刻の範囲すべてで成り立たなければなりませんが，その等号自身はある特定の時刻でのもの（局所的な関係式）であることに注意してください．

微分という演算は，局所的，いい換えるとその点の近傍だけで定義される概念です．したがって，微分方程式は局所的な関係式です．その局所的な関係にしたがって，初期条件から始まって，ほんの少しの近傍までの変化を考え，次にその近傍の点での関係を用いて次の変化を考える．こうして次々と変化をつなげていって大域的に離れたところまで接続していくのが，微分方程式を解くということなのです．

2.2 初期条件によって解を特定する

固有関数と固有値

とにかく解の候補を代入してみてこの等号が成立すればよいのですから，それでも解けたということになります．

「合成関数の微分法」とは，微分において，次のように，分数を約分するような計算ができるという公式じゃ．

$$\frac{\mathrm{d}y}{\mathrm{d}t} = \frac{\mathrm{d}y}{\mathrm{d}u} \times \frac{\mathrm{d}u}{\mathrm{d}t}$$

微分積分学で習いますが，指数関数 e^t は微分しても形が変わらず，$\dfrac{\mathrm{d}}{\mathrm{d}t}\mathrm{e}^t = \mathrm{e}^t$ となります．そのことと，**合成関数の微分法**を使えば，$y = \mathrm{e}^{at}$，$u = at$ と置いてみると，

$$\frac{\mathrm{d}y}{\mathrm{d}t} = \frac{\mathrm{d}y}{\mathrm{d}u} \times \frac{\mathrm{d}u}{\mathrm{d}t} = \left(\frac{\mathrm{d}}{\mathrm{d}u}\mathrm{e}^u\right) \times \left(\frac{\mathrm{d}}{\mathrm{d}t}at\right) = \mathrm{e}^u \times a = a\mathrm{e}^{at}$$

となり，すなわち，次のようになることがわかります．

$$\frac{\mathrm{d}}{\mathrm{d}t}\mathrm{e}^{at} = a\mathrm{e}^{at} \qquad ③$$

式③は，微分をした結果が，元の関数 e^{at} に定数 a を掛けただけになっていますね．このように，関数を関数に対応させる作用素を作用させても元の関数の形が変わらない，あるいは定数が掛かるだけという場合，その元の関数をその作用素の**固有関数**といいます．そして，定数倍の定数のことを**固有値**といいます．この固有値，固有関数という概念は，Step 3 で詳しく説明しますが，シュレーディンガー方程式を勉強するなかで何度も出てくる重要な概念です →p.84．

一般解と特殊解

ここで，先ほど出てきた方程式②と式③を比べてみましょう．

$$\frac{\mathrm{d}N(t)}{\mathrm{d}t} = 0.1 \times N(t) \qquad ②$$

$$\frac{\mathrm{d}}{\mathrm{d}t}\mathrm{e}^{at} = a\mathrm{e}^{at} \qquad ③$$

式②と③は，$N(t) = \mathrm{e}^{at}$，$a = 0.1$ だとすると同じ形になります．つまり，次のように，固有関数が $N(t) = \mathrm{e}^{0.1t}$，固有値が 0.1 であれば，どんな t が入っても常に等号が成り立つわけです．

$$\frac{\mathrm{d}}{\mathrm{d}t}\mathrm{e}^{0.1t} = 0.1\mathrm{e}^{at}$$

固有関数　固有値

これこそが，方程式②で求める関数と値，すなわち解なのです．

ところが，すぐにわかることですが，この解を定数 c 倍した $c\mathrm{e}^{0.1t}$ も式②に代入してみると，式③より，

$$\frac{\mathrm{d}}{\mathrm{d}t}(c\mathrm{e}^{0.1t}) = c\frac{\mathrm{d}}{\mathrm{d}t}\mathrm{e}^{0.1t} = 0.1c\mathrm{e}^{0.1t}$$

となるので，$N(t) = c\mathrm{e}^{0.1t}$ という解になっています．

すなわち解は，c がとりうる値に応じて無限個存在するのです．これら

無限個の解の集合を，**一般解**といいます．そして，この定数cのことを**積分定数**といいます（なぜそうよぶのかは次節で説明します）．

この一般解のなかから，「ある時刻では人口がこれこれであった」という条件に合致する解を決めます．それを**特殊解**といいます．

ある時刻にこうだったという条件のことを**初期条件**といい，初期条件によって特殊解が決定されるのです．

式②について，初期条件を，「$t=0$のとき$N=N_0$」ということにしましょう．すると$N(t)=ce^{0.1t}$という一般解に初期条件を代入して，

$$N(0)=ce^{0.1\times 0}=c=N_0$$

ですから，$c=N_0$と決まって，

$$N(t)=N_0e^{0.1t}$$

となります．これで，初期条件を満たす特殊解が決まりました．

普通の方程式（代数方程式）と微分方程式の関係をまとめると，次の表のようになっています．

	与えられる関係	解
代数方程式	変数の間の関係	関係を満たす変数の値
微分方程式	変数，関数，導関数の間の関係，初期条件	関係を満たす関数

2.3

なぜ積分定数というのか

一般解には積分定数が含まれていたが，なぜ「積分定数」というかわかるかな．

はい！　見当もつきません.

ううむ…. 微分方程式を解くことや，その解のことを，「積分する」「積分」という場合もあるんじゃ．とにかくその理由を見てみよう.

先の式②の $0.1 \times N(t)$ を $f(x)$ として，少し一般化した，次の微分方程式を考えましょう.

$y = y(x)$ はこの微分方程式を解いて求めるべき関数

与えられた既知関数

$$\frac{\mathrm{d}y}{\mathrm{d}x} = f(x) \qquad ④$$

この微分方程式④の解 y を求めるには，次のように両辺を積分します.

$$y = \int \frac{\mathrm{d}y}{\mathrm{d}x}\mathrm{d}x = \int f(x)\mathrm{d}x = F(x) + c \qquad ⑤$$

解である $F(x) + c$ を微分すると，定数 c は消えますので $f(x)$ になりますね．つまり，c の値がどうなっていても $F(x) + c$ は上の式④の解です．すなわち，式④の解は，微分する際に消えてしまう c の値の違いだけたくさんあるわけです．この c のことを**積分定数**というのです.

式④の形の場合，微分方程式を解くということは，微分するとある関係を満たす**原始関数**を探すことです．ですから，その一般解

微分するとその関数になるような関数を，「**原始関数**」という．たとえば，次のようになる場合，

$$\frac{\mathrm{d}}{\mathrm{d}x}F(x) = f(x)$$

$F(x)$ は $f(x)$ の原始関数である．原始関数を求める操作を「積分する」などといい表すのだ.

は，必然的に c を含んでいます．これが，一般解に積分定数 c が現れる理由です．具体的な例で見てみましょう．

$$\frac{\mathrm{d}y}{\mathrm{d}x} = x^2 \quad , \quad \text{ただし初期条件}\ y(0) = 5$$

を解くために，両辺を積分して次のようになります．

$$y = \frac{1}{3}x^3 + c$$

初期条件から，$x = 0$ のときに $y = 5$ ですから $c = 5$ となって，その値を代入すると次の式が求まります．

$$y = \frac{1}{3}x^3 + 5$$

これが，初期条件を満たす特殊解です．

2.4 2 階微分とは何だろうか

シュレーディンガー方程式は，導関数の導関数，すなわち **2 階微分**を含んでいるぞ．

p.8 の式①だと $\frac{\partial^2}{\partial x^2}$ という部分ですか？

うむ．実はその記号はこの Step 2 の最後で説明する偏微分を含んでいるのだが，まずは 1 つの変数だけの 2 階微分を含む微分方程式を見てみよう．

2 階微分方程式の一般解

$$\frac{\mathrm{d}^2y}{\mathrm{d}x^2}=f(x) \tag{6}$$

微分を 2 回するのですから，解を求めるためには積分を 2 回しなくてはなりません．したがって積分定数も 2 つ出現します．

両辺を積分する操作を 2 回すると

$$\frac{\mathrm{d}y}{\mathrm{d}x}=\int f(x)\mathrm{d}x+c_1=F(x)+c_1 \quad \langle 1 \text{ 回目の積分} \rangle$$

$$\left.\begin{aligned} y &= \int F(x)\mathrm{d}x+\int c_1\mathrm{d}x+c_2 \\ &= \int F(x)\mathrm{d}x+c_1x+c_2 \end{aligned}\right\} \langle 2 \text{ 回目の積分} \rangle$$

という一般解が得られます．この一般解には c_1，c_2 と積分定数が 2 つ入ってきます．**この解を特定するためには初期条件が 2 つ必要になります．**

一般に n 階微分方程式の一般解には n 個の任意定数が含まれるぞ．

2 階微分方程式の初期条件

通常，初期条件としては，次のような形式がとられます．

A. ある x の値（下の例では $x=0$）での求める関数の値 α_1 と，同じく求める関数の値の変化率（導関数の値）α_2 を与える．

（例）　$y(0)=\alpha_1$　，　$\dfrac{\mathrm{d}y}{\mathrm{d}x}(0)=\alpha_2$

B. x の異なる値 2 ヵ所（下の例では $x=0$ と $x=x_1$）で求める関数の値 β_1, β_2 を与える.

（例）　$y(0)=\beta_1$,　$y(x_1)=\beta_2$

具体的な例を見てみましょう.

$$\frac{\mathrm{d}^2}{\mathrm{d}x^2}y=\sin x \quad , \quad y(0)=\frac{\mathrm{d}y}{\mathrm{d}x}(0)=0$$

は，2 回積分して，そのたびに初期条件を使うと，

$$\frac{\mathrm{d}y}{\mathrm{d}x}=-\cos x+c_1 \quad , \quad c_1=1 \qquad \langle 1\text{ 回目の積分}\rangle$$

$$y=-\sin x+x+c_2 \quad , \quad c_2=0 \qquad \langle 2\text{ 回目の積分}\rangle$$

$$\therefore \quad y=-\sin x+x$$

のように解が得られます. これが初期条件を満たす特殊解であることは，元の微分方程式に代入してみればすぐに確かめられます.

2.5

変数分離形の微分方程式を解く

微分方程式の教科書にはもう少し複雑になった**変数分離形**というものが載っているぞ.

変数分離形の微分方程式とは，

2つの関数の積になっている

$$\frac{\mathrm{d}y}{\mathrm{d}x}=g(x)\,h(y) \qquad ⑦$$

という形の微分方程式です．この方程式は，

$$\frac{1}{h(y)}\frac{\mathrm{d}y}{\mathrm{d}x}=g(x)$$

のように変形して両辺を積分すれば，

$$\int\frac{1}{h(y)}\frac{\mathrm{d}y}{\mathrm{d}x}\,\mathrm{d}x=\int g(x)\,\mathrm{d}x+c$$

となります．この左辺に**置換積分法**を適用すると，分数の約分のようにして簡単にできるので，

$$\int\frac{\mathrm{d}y}{h(y)}=\int g(x)\,\mathrm{d}x+c$$

を計算すればよいことがわかります．次の例を見てみましょう．

「置換微分法」は，$\int f(x)\mathrm{d}x$ について $x=g(t)$ であるときに，積分変数を x から t に変えることだ．公式は次のように書ける．

$$\int f(x)\mathrm{d}x=\int f(x)\frac{\mathrm{d}x}{\mathrm{d}t}\mathrm{d}t$$

ここでは，上の公式を

$$f(x)\to\frac{1}{h(y)},\quad t\to x,\quad x\to y$$

と置き換えたものに対応するぞ．

$x+y\dfrac{\mathrm{d}y}{\mathrm{d}x}=0$ は，$\dfrac{\mathrm{d}y}{\mathrm{d}x}=-\dfrac{x}{y}$ となりますので変数分離形です．

$$y\,\mathrm{d}y=-x\,\mathrm{d}x \quad , \quad \int y\,\mathrm{d}y=-\int x\,\mathrm{d}x$$

と変形して積分すると，

$$\frac{1}{2}y^2 = -\frac{1}{2}x^2 + c \qquad \therefore \quad x^2 + y^2 = c'$$

となります（$c' = 2c$）.

2.6
解の重ね合わせとは何か――線形作用素，線形結合

基本はわかったかな？　それでは，次は，応用上非常によく出てくる**線形微分方程式**について勉強しよう．

シュレーディンガー方程式は線形微分方程式なのですね！

おっ，さえてきたな．シュレーディンガー方程式を勉強していると「解の重ね合わせ」という概念が頻繁に現れるが，それはシュレーディンガー方程式が線形微分方程式だからなのじゃ！

さんぽ道　解けない微分方程式

微分方程式は，単に積分すれば解けるという単純なものばかりではありません．積分すればよいのは例外的で，多くの場合いろいろな工夫が必要です．それでも解けない微分方程式がたくさんあります（というよりほとんどです）．では，「解けない」とはどういう事態なのでしょうか．「解けない」というのは，多くの場合，初等関数や特殊関数の組み合わせで書けないこと，すなわち「解析的に解けない」ということを意味しています．そのような場合，解が存在するのかしないのか，そして解は初期条件について唯一であるのか等が問題になります．いわゆる「解の存在と一意性」です．これが保証されれば，解析的に解けなくても，コンピュータによって数値解析できるのです．

作用素と演算子

演算子より，作用素のほうが意味が広いんじゃ．この本では，作用素で統一するぞ．

量子力学では**作用素**という言葉がよく出てきます．**演算子**といういい方もあります．その定義は，関数に作用して，別の関数を生成もしくは変換するものです．微分するという操作は，まさにその作用素で，1階微分した操作結果と2階微分した操作結果を足し合わせるといったような操作も作用素です．

線形作用素

作用素を$\hat{L}$で表すことにします．関数fに$\hat{L}$が作用してgになったということを，次のように書きます．

$$g = \hat{L}f$$

「**線形**」という言葉は比例関係を意味しています．「1次（1次式）」という言葉もほぼ同じ意味です．**線形作用素**というのは，

$$\hat{L}(f+g) = \hat{L}f + \hat{L}g \qquad \hat{L}(cf) = c\hat{L}f$$

という性質を満たす作用素です．ただし，cは定数です．**線形微分方程式**というのは，$\hat{L}$が微分作用素から構成されていて，上記の性質を満たしているということです．たとえば，

$$\hat{L}f = 0$$

という線形微分方程式では，fがその解であるということを表しています．線形微分方程式であれば，仮に，

$$\hat{L}f_1 = 0 \quad , \quad \hat{L}f_2 = 0$$

というように，f_1，f_2 という 2 つの解があったとき，上の性質から，

$$\alpha\hat{L}f_1 = \hat{L}(\alpha f_1) = 0 \quad , \quad \beta\hat{L}f_2 = \hat{L}(\beta f_2) = 0$$

ですので，

$$\alpha\hat{L}f_1 + \beta\hat{L}f_2 = \hat{L}(\alpha f_1) + \hat{L}(\beta f_2) = \hat{L}(\alpha f_1 + \beta f_2) = 0$$

となりますから，$\alpha f_1 + \beta f_2$ という f_1，f_2 の**線形結合**もまた解になっているということになります．このことを**重ね合わせの原理**といいます．言葉でいいますと，「重ね合わせの原理」とは，解の重ね合わせ，すなわち解の線形結合も解になるという原理です．

2.7 2 階定数係数常微分方程式を解いてみる

2 階定数係数線形常微分方程式

線形常微分方程式のなかでも，最も頻繁に現れるのは，**定数係数線形常微分方程式**です．次の式は，2 階定数係数線形常微分方程式です．

$$a\frac{\mathrm{d}^2 f}{\mathrm{d}x^2} + b\frac{\mathrm{d}f}{\mathrm{d}x} + cf = g(x) \qquad ⑧$$

2 階微分　　a, b, c はそれぞれ定数

特に右辺の $g(x)$ がないものを「斉次方程式（同次方程式）」，$g(x)$ があるもの（式⑧そのもの）を「非斉次方程式（非同次方程式）」といいます．

この方程式は2階の常微分方程式ですので，積分を2回することで一般解が求められます．その一般解は2つの基本解の線形結合で表すことができます．逆にいうと，独立な特殊解 f_1, f_2 を求め，その2つの解に係数を掛けて加え合わせたもの，すなわち，

$$c_1 f_1 + c_2 f_2$$

が一般解となり，c_1, c_2 は初期条件から決定されるということになります．この形ですべての解を書けています．

「独立」という言葉は次のように定義される．関数 $f(x)$ と $g(x)$ が，考えている独立変数の区間すべてで，

$$\alpha f(x) + \beta g(x) = 0$$

となるためには，定数 α と β が，$\alpha = \beta = 0$ である場合だけであるとき関数 $f(x)$ と $g(x)$ は**1次独立**であるといい，そうでないときに**1次従属**という．1次従属である場合には，一方の関数は，他方の関数の定数倍になっているぞ．

2階の微分方程式なので，2つの積分定数が出現したわけじゃ．独立な解 f_1, f_2 からその2個の積分定数を係数とした線形結合を作れば，一般解はそれですべてということになるぞ．

単振動形の方程式

2階定数係数常微分方程式のなかでも簡単な場合を見ておこう．例としてとり上げるのは，バネの単振動じゃ．

次の微分方程式は，バネで壁に結合された質点（質量をもつ点状物体）の運動方程式です．

$$m\frac{\mathrm{d}^2x}{\mathrm{d}t^2}=F \quad (ただし F は質点にかかる力)$$

古典力学的な上の式において，質点に働く力をバネの伸びに比例する復元力のみとしています．

バネで壁に結合された質点の平衡点からのずれ　復元力を表す因子

$$m\frac{\mathrm{d}^2x}{\mathrm{d}t^2}=-kx \qquad ⑨$$

この方程式⑨の解に必要な条件は，2回微分した結果，その関数の符号を変え，k という定数が掛かるということです．

実は，その候補は簡単に見つけることができます．三角関数 $\sin t$ は1回微分すると $\cos t$ になり，もう1回微分すると $-\sin t$ になります →p.269．つまり，2回微分しても関数の形は変わっていません．さらに，前に出てきた合成関数の微分法を思い出すと →p.18，$\sin \omega t$ は1回微分すると $\omega \cos \omega t$ となり，もう1回微分すれば $-\omega^2 \sin \omega t$ となります．よって $\sin \omega t$ は，単振動の方程式の1つの特殊解になっていることがわかります．

次に，これとは別にもう1つ1次独立な特殊解を求めなければ一般解

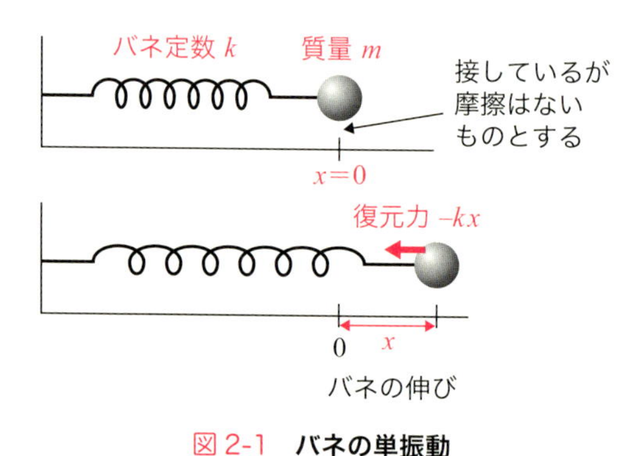

図 2-1　**バネの単振動**

が求まりません．そこで $\cos \omega t$ を考えてみると，これは $\sin \omega t$ の定数倍にはなっていないので1次独立です．$\cos \omega t$ を2回微分すると，$\sin \omega t$ のときと同様に $-\omega^2 \cos \omega t$ になって，解になっていることがわかります．

演繹的に導き出すのではなく，解となりそうな見当をつけて，それを当てはめて確かめてみるというやり方に違和感を感じるかもしれないが，等式が成り立つのだから，立派な解じゃぞ．

したがって一般解は c_1，c_2 という任意定数を用いて，

$$x(t) = c_1 \sin \omega t + c_2 \cos \omega t \qquad ⑩$$

となります．三角関数の加法定理は

$$\sin(\alpha + \beta) = \sin \alpha \cos \beta + \cos \alpha \sin \beta$$

ですので →p.269，式⑩で $\alpha = \omega t$，$\beta = \phi$ と考えて，係数の間に，$A \cos \phi = c_1$，$A \sin \phi = c_2$ という関係があるとすると，

$$x(t) = A \sin(\omega t + \phi)$$

のように1つの三角関数で書けます．

式⑩に含まれている2つの任意定数 c_1，c_2 は，たとえば，$t = 0$ においての質点の位置 $x(0) = A_0$ と，速度 $\dfrac{\mathrm{d}x}{\mathrm{d}t}(0) = V_0$ を初期条件として与えられることによって，

A は最大振幅，ϕ は初期位相角とよばれるぞ．下の図を見てみよう．

$$x(0) = A_0 = [c_1 \sin \omega t + c_2 \cos \omega t]_{t=0} = c_2$$

$$\frac{\mathrm{d}x}{\mathrm{d}t}(0) = V_0 = [c_1\omega\cos\omega t - c_2\omega\sin\omega t]_{t=0} = c_1\omega\cos(\omega\times 0) = c_1\omega$$

から決まります．これで，係数 c_1，c_2 が次のように決まるのです．

$$c_1 = \frac{V_0}{\omega} \quad , \quad c_2 = A_0$$

これを式⑩に代入すると，式⑨の解は次のようになります．

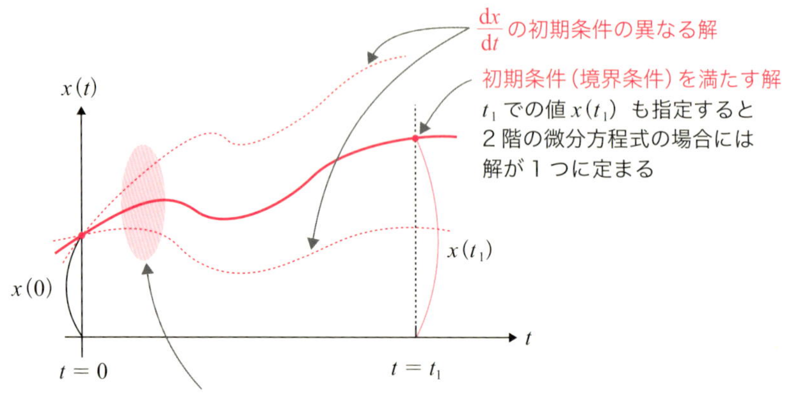

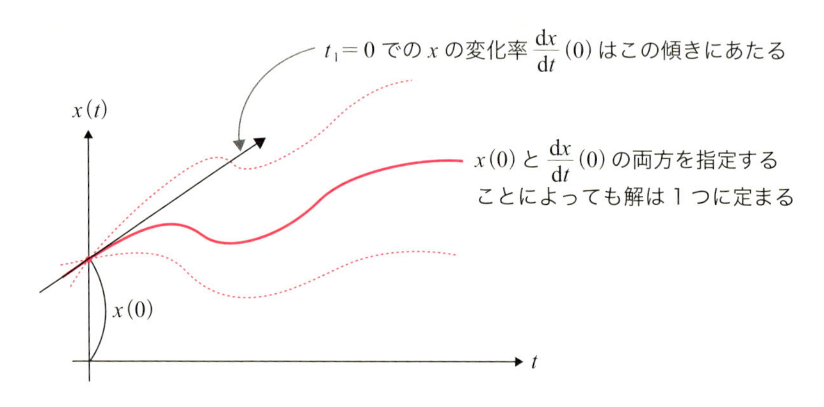

図 2-2　**初期条件（境界条件）**

$$x(t) = \frac{V_0}{\omega}\sin\omega t + A_0\cos\omega t$$

ただし，角速度ωとバネ定数kとの関係は$\omega = \sqrt{\frac{k}{m}}$となっています．

なお，位置と速度という2つの初期条件ではなくて，$t = t_i$と$t = t_f$での$x(t_i)$と$x(t_f)$の値を与えて解を決めることもできます．

$$x(t_i) = A\sin(\omega t_i + \phi) \quad , \quad x(t_f) = A\sin(\omega t_f + \phi)$$

を解いて決めればよいのです．チャレンジしてみてください．

初期条件と解のイメージ

先ほど初期条件から解を求められたことを図で表すと図2-2のようになります．イメージをつかんでください．なお，変数が空間を表しているときには，**境界条件**という言葉を用いることが多いです．

2.8 虚数，複素数と指数関数

シュレーディンガー方程式の中にあるiっていうのは何者ですか？

それは**虚数単位**$i = \sqrt{-1}$じゃ．虚数と実数を合わせたものを**複素数**という．

虚数は2乗すると-1になる……，複素数は……

どちらも実世界に存在する物理量にはならないが，複素数を使うと計算が便利だ．それだけでなく，実は量子力学では，虚数単位が微

分方程式に現れるのは本質的なんじゃ.

さっぱりわかりません. どういうことでしょうか?

そのことは後で見るから, ここではまず, どうして複素数を用いると便利なのかを先に説明しよう.

オイラーの公式

複素数が便利であることは, 次の**オイラーの等式**に由来します.

$$e^{i\pi} = -1$$

そして, 三角関数 $\sin x$, $\cos x$ との間に,

虚数が引数になっている指数関数

$$e^{ix} = \cos x + i \sin x$$

という関係が成り立ちます. この式は**オイラーの公式**とよばれます. この式で $x = \pi$ と置けばオイラーの等式になります. この公式は x が虚数単

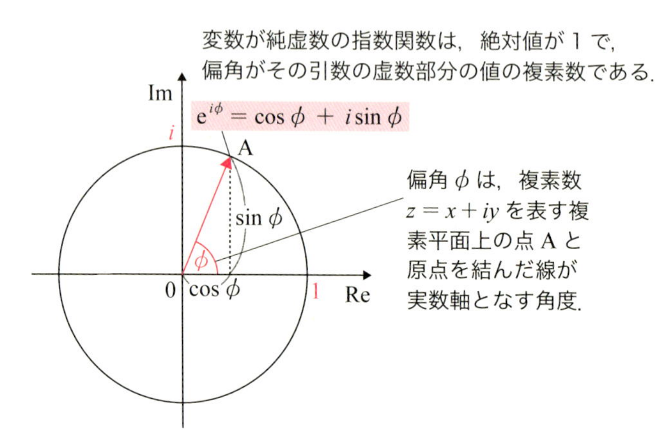

図 2-3 **複素平面**

位 $i = \sqrt{-1}$ の実数倍（これを**純虚数**といいます）のとき，x を ϕ と置いて図 2-3 のような**複素平面**で表すことができます．複素平面とは，複素数 $z = x + iy$ を，横軸に実数部分の値 x をとり（$\mathrm{Re}z = x$），縦軸に虚数部分の値 y をとって（$\mathrm{Im}z = y$），2 次元平面で表したものです．ガウス平面ともいいます．

テイラー展開とオイラーの公式

数学的な証明ではありませんが，この公式は次のようにして納得することができるでしょう．それには微分積分学で習う**テイラー展開**というものを使います→p.271.

テイラー展開とは，無限回微分できる関数を，「べき級数」すなわち，1, x, x^2, x^3, ……に係数を掛けて加え合わせたもので表すことじゃ．

$$e^x = 1 + \frac{x}{1!} + \frac{x^2}{2!} + \frac{x^3}{3!} + \cdots \quad ⑪$$

$$\sin x = \frac{x}{1!} - \frac{x^3}{3!} + \frac{x^5}{5!} - \cdots \quad ⑫$$

$$\cos x = 1 - \frac{x^2}{2!} + \frac{x^4}{4!} - \cdots \quad ⑬$$

式⑪で引数 x を ix に置き換えます．すると，偶数の n に対して $i^n = -1$ であることを用いると，式⑪は，式⑫の両辺に i を掛けたものと式⑬を辺々加えたものに等しくなります．

〈⑫ × i〉

$$i \sin x = \frac{i}{1!}x - \frac{i}{3!}x^3 + \frac{i}{5!}x^5 - \cdots$$

$$= \frac{1}{1!}(ix) + \frac{1}{3!}(ix)^3 + \frac{1}{5!}(ix)^5 + \cdots \quad ⑭$$

〈⑬を整理したもの〉 $\cos x = 1 + \frac{1}{2!}(ix)^2 + \frac{1}{4!}(ix)^4 + \cdots$ ⑮

〈⑭+⑮〉 $\cos x + i\sin x = 1 + \frac{1}{1!}(ix) + \frac{1}{2!}(ix)^2 + \frac{1}{3!}(ix)^3 + \cdots$ ⑯

〈式⑪で $x \to ix$ としたもの〉 $\mathrm{e}^{ix} = 1 + \frac{ix}{1!} + \frac{(ix)^2}{2!} + \frac{(ix)^3}{3!} + \cdots$ ⑰

よって⑯と⑰は等しいので,

$$\mathrm{e}^{ix} = \cos x + i\sin x$$

と書け，オイラーの公式が現れてきました.

振動を表す三角関数と指数関数

角速度ωは単位時間あたりの回転角度を表す（$\omega = \frac{x}{t}$）ので，$x = \omega t$ となり，$\mathrm{e}^{ix} = \mathrm{e}^{i\omega t}$ です．図 2-4 のように，$\mathrm{e}^{i\omega t}$ は角速度ωで複素平面上の単位円周上を回転する点になりますから，その実数軸上へ射影した点は単振動を表現します.

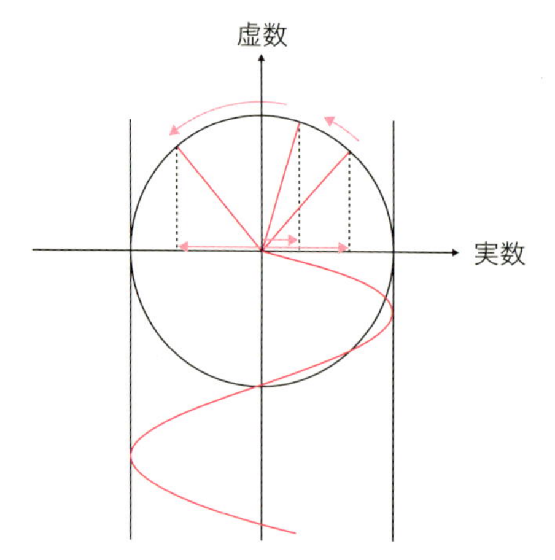

複素数世界での回転はその実数部分の三角関数で表される単振動である．しかし，複素数 $\mathrm{e}^{i\omega t}$ という表現のほうが計算は非常に楽である.

図 2-4 **単振動を表す指数関数と三角関数**

振動は三角関数で表せますが，同じく振動を表すにしても指数関数のほうが優れている点があります．

三角関数は何回も微分すると $\sin x$ と $\cos x$ が，1 回おきに符号も変わって入れ替わり，次のように，

$$\sin x \quad \to \quad \cos x \quad \to \quad -\sin x \quad \to \quad -\cos x \quad \to \quad \sin x$$

4 回微分して初めて元の関数形に戻ります．それに対して，指数関数は，

$$e^x \quad \to \quad e^x$$

のように，1 回の微分で元に戻るのです（微分しても不変なので）．多くの応用上の微分方程式は 2 階ですから，2 階の微分作用素について，三角関数では固有値が「マイナス 1」の固有関数なのに対して，指数関数はそれ自身が固有値が 1 の「固有関数」なのです．この性質は変数が虚数あるいは複素数になっても変わりません．すなわち，複素数 $z = x + iy$ とすると，

$$\frac{d}{dz} e^z = e^z$$

となります．特に，$e^{i\omega t}$ を t で微分すると，

$$\frac{d}{dt} e^{i\omega t} = i\omega e^{i\omega t}$$

となることを覚えておいてください．

微分方程式と指数関数

微分方程式は，その名のとおり微分作用素から構成されています．指数関数は微分作用素が作用しても変化しません(もしくは定数が掛かるだけ)ので，微分作用素の固有関数となります．だから，微分方程式を解くとき

に基本的に重要になります．

$$\frac{\mathrm{d}}{\mathrm{d}x}\mathrm{e}^{ax} = a\mathrm{e}^{ax} \qquad \text{つまり} \qquad \frac{\mathrm{d}}{\mathrm{d}x} \rightarrow \times a$$

というように，微分作用素は，指数関数に対しては単なる掛け算の効果しかもたないということが利用できます．シュレーディンガー方程式の場合，虚数単位を含む複素数の関数ですので，$\mathrm{e}^{i\omega t}$ のような変数が虚数の指数関数が大きな役割を果たします．指数関数に対しての微分なら，

$$\frac{\mathrm{d}}{\mathrm{d}x}\mathrm{e}^{ikx} = ik\mathrm{e}^{ikx} \quad , \quad \frac{\mathrm{d}}{\mathrm{d}x} \rightarrow \times ik$$

$$\frac{\mathrm{d}^2}{\mathrm{d}x^2}\mathrm{e}^{ikx} = (ik)^2\mathrm{e}^{ikx} \quad , \quad \frac{\mathrm{d}^2}{\mathrm{d}x^2} \rightarrow \times (ik)^2$$

となって，実数変数のときと同様に，微分作用素が単なる定数の掛け算に，2 階微分作用素はその定数を 2 回掛けることに置き換わります．逆に積分では次のようになり，積分作用素は単なる割り算になります．

$$\int \mathrm{e}^{ikx}\mathrm{d}x = \frac{1}{ik}\mathrm{e}^{ikx} \quad , \quad \int \cdot\, \mathrm{d}x \rightarrow \times \frac{1}{ik}$$

さんぽ道　指数関数は微分しても変化しない

たとえば電気回路理論では，定常的な交流電流の問題を考えるときにこの性質を利用します．実数である正弦波を虚数変数の指数関数で表しておくとこの性質が使えるので，回路を表す微分方程式が代数方程式に置き換えられます．それを解いて，その結果の実数部分が電流の変化を表すと解釈します．物理的な現象としては実数しか観測されないので実際に採用されるのは実数部分ですが，方程式を解くための数学的便法として複素数の概念を利用しています．シュレーディンガー方程式では，もともと方程式自身に虚数単位を含むので，最後の実数部分が現象に対応することにはなりません．しかし，微分作用素がその固有関数である指数関数に対しては単なる掛け算に置き換えられるという考え方はいろいろなところで用いられます．本書の範囲ではありませんが，場の量子論での計算にはよく出てきます．

2.9

偏微分方程式

数学的準備の最後に，**偏微分方程式**をとり上げよう．

シュレーディンガー方程式は偏微分方程式でしたよね．

グッジョブ！

偏微分方程式は，位置と時間の関数 $f(x,y,z,t)$ のように複数の変数をもつ関数に対する微分方程式です（一方，独立変数が1つの微分方程式は**常微分方程式**といいました）．偏微分方程式に現れる記号 $\frac{\partial}{\partial x}$ などは，偏微分の記号です．その意味は，

$$\frac{\partial}{\partial x} f(x,t)$$

という場合，t の値は定数であるとして，x のみが変化しうるという制限の下に微分をするということです．いちおう定義の式を書いておくと

$$\frac{\partial}{\partial x} f(x,t) \equiv \lim_{h \to 0} \frac{f(x+h,t)-f(x,t)}{h}$$

$$\frac{\partial}{\partial t} f(x,t) \equiv \lim_{h \to 0} \frac{f(x,t+h)-f(x,t)}{h}$$

ということです．

たとえば

$$\frac{\partial}{\partial x}(\sin x \cdot y + y^2)$$

は，y が定数だと思って計算すればよく，次のようになります．

$$\frac{\partial}{\partial x}\sin x \cdot y + \frac{\partial}{\partial x}y^2 = y\frac{\partial}{\partial x}\sin x = y\cos x$$

となります．一方，y で偏微分すると次のようになります．

$$\frac{\partial}{\partial y}(\sin x \cdot y + y^2) = \frac{\partial}{\partial y}\sin x \cdot y + \frac{\partial}{\partial y}y^2 = \sin x + 2y$$

Step 2 で学んだこと

1. 微分方程式を解くというのは何をすることなのかを知った．
2. 微分方程式の解を決めるのには，初期条件や境界条件が大切なことを学んだ．
3. 一般解と特殊解の関係，線形微分方程式で大切な解の重ね合わせを学んだ．
4. 複素数の指数関数がとても役に立つことがわかった．

Step 3

シュレーディンガー方程式の舞台構造を知ろう

19 世紀に登場した「熱力学」という学問を知っておるか？

えーと，エントロピーとか，エンタルピーとか…

よし．「熱力学」はメカニズムや正体を解明するものでなく，現象の予測・記述ができればいいというスタンスの「現象論」なんじゃ．

えっ，それじゃだめなのでは？

いや．その一方で，理論の構成や予測の方法などは論理的に厳格だったし，数理的にも洗練されていたから，大いに役立ったんだ．

量子力学はどうなんですか？

量子力学も，ミクロ世界のいくつもの奇妙な物理現象を説明するために，理屈はわからないけど現実に合う数学理論を作ったといわれることがある．つまり現象論ということだが，それで納得できるか？

うーん，すっきりしないです．量子力学は，現実世界の原理を説明できるのですか，できないのですか？

うんうん．それを考えるために，ここではシュレーディンガー方程式の舞台となる量子力学の数学的な構造を勉強していくぞ．

3.1 量子力学のしくみを見ていく前に

量子力学と現実世界――ヒルベルト空間の必要性

量子力学の定式化には，「ヒルベルト空間」というものが登場してくるぞ（図 3-1）．

えーっ，それは普通の空間とは違うのですか？

直感的にイメージするのは難しい．でも，なぜヒルベルト空間が必要になるのかということこそが，この本で一番訴えたいことなのじゃ．

図 3-1 を見ると，量子力学の土台になっていて，現実世界とは違うものみたいですね．

詳しい説明はあとでするから，まずは，ヒルベルト空間が必要だということだけわかってくれ．

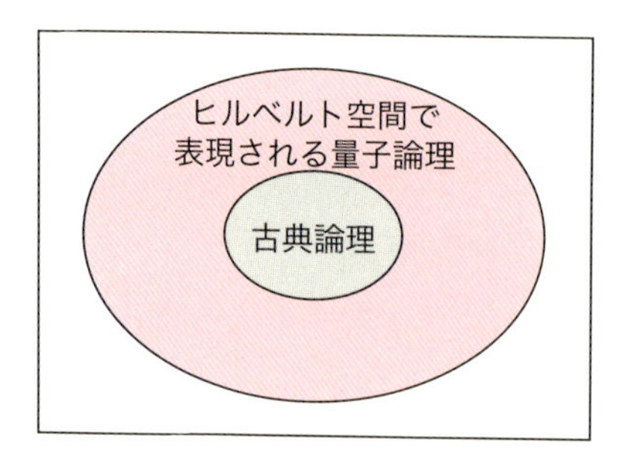

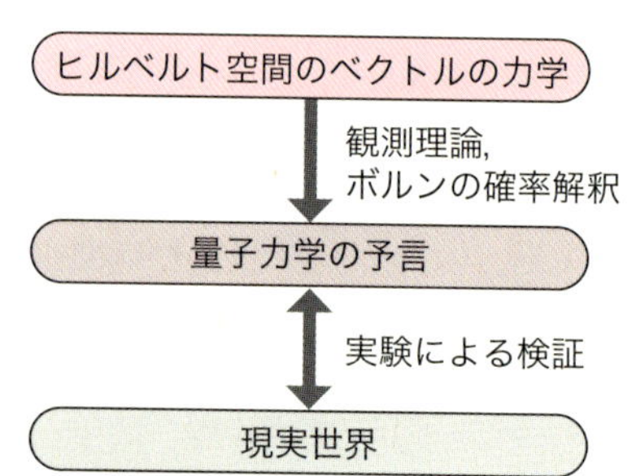

図 3-1　ヒルベルト空間と現実世界の関係

シュレーディンガー方程式の形

ミクロな世界を説明するために，その物理的空間での運動を直接に探求するだけではだめなのです．ヒルベルト空間をもち出さなくてはいけない要因となる現実世界の現象があるのです．実は，**不確定性関係**がその現象にあたります．

「重ね合わせの原理」を根拠にすることもできるが，この本では不確定性関係から出発するぞ．

では，不確定性関係からどうしてヒルベルト空間の力学，すなわちシュレーディンガー方程式が出てくるのでしょうか．ここでは，ふつうはあまり見られないやり方ですが，大まかな概略説明を試みます．哲学的考察とか歴史的発展などは割愛し，流れを説明するだけにしますので，このような概念を使った説明もあるのだな，と理解してもらえればと思います．

量子力学のしくみを概念的にざっくりいうと

ゆくゆくは，シュレーディンガー方程式が量子力学のなかにどう組み込まれているのか，どういう役割をしているのか，その形はどういう要求からどのようにして決まってくるかがわかるんですよね．

もちろん．そのために，まず量子力学のしくみは，どのようなものから組み立てられているのかを示しておくぞ．

さんぽ道　**ヒルベルト空間のイメージ**

ヒルベルト空間の理論は，ざっくりいって，高校で習う行列やベクトルなどの演算を扱う線形代数の少し複雑な無限次元版のものと思ってもらえればよいでしょう．それは実は微分積分の延長上の理論でもあります．だからこそ，シュレーディンガー方程式という微分方程式が出現してくるのです． 歴史的にいっても，シュレーディンガー方程式が登場するシュレーディンガーの「波動力学」という微分方程式による量子力学の定式化に対して，それと等価であるが見かけはまったく違う，ハイゼンベルクの「行列力学」がほぼ同時に発見され，その理論としての等価性の数学的検討から関数解析学（ヒルベルト空間論）が生まれてきたのでした．

1. 量子系の状態は，**複素ヒルベルト空間**の**規格化**されたベクトル $|\Psi\rangle$ で表される．状態について**重ね合わせの原理**が成立する．
2. **物理量**は，複素ヒルベルト空間の線形な**自己共役作用素** $\hat{A}$ で表される．
3. ある物理量 $\hat{A}$ の，状態 $|\Psi\rangle$ における測定結果は，その**期待値**が $\langle\Psi, \hat{A}\Psi\rangle$ という内積で与えられる．

見たこともない言葉ばかりです．こんな言葉が出てくるのでは，とても理解できそうにありません．

大丈夫じゃ．ここでは，そんな言葉が出てくるのだなと認識してもらえばよい．登場する概念は以下の節で説明していくからな．

ヒルベルト空間を使った説明の流れ

通常の説明では，

①シュレーディンガーの微分方程式をまず提示し，それを解いていく．
②頃合いを見て，その作業に現れる道具は，実は数学ではヒルベルト空間論としてまとめられていることを示す．

という流れになります．しかし，最初からヒルベルト空間の力学として提示したほうが明快です．したがって，この本では

①ヒルベルト空間という枠組みで量子力学の基本的構造を理解する．
②それが理解できたら，実際の物理系に対する予言をするための計算として，ヒルベルト空間の概念を波動関数という形に表現する．
③そして，なじみのあるシュレーディンガーの微分方程式を解いていく．

という流れで説明をしていきます．したがって，ヒルベルト空間が主に表に出てくるのは，①にあたるこの Step 3 だけになります．

3.2

数学的準備1——δ関数とブラケット記法

δ関数

量子力学では，内積の左側にのみ現れる（左側のベクトルのことを「ブラ・ベクトル」という）「ベクトル」として**δ関数**とよばれるものがよく登場するぞ．それは関数というにもかかわらず，普通の関数として扱えない**超関数**とよばれるものの1つなんだ．

図 3-2 を見ると，ある1点に集中した無限に鋭い分布関数のようなものですね．

うむ．これは，量子力学の計算ではよく現れて，便利に使われるので，どんなものかを見ていこう．

δ関数とは，ディラックが用い始めた概念です．もともとの定義によると任意の連続関数 $f(x)$ に対して，

$$\int_{-\infty}^{\infty} \delta(x) f(x)\, \mathrm{d}x \equiv \delta(f(x)) = f(0)$$

$$\int_{-\infty}^{\infty} \delta(x)\, \mathrm{d}x = 1 \quad , \quad \delta(x) = 0 \qquad (\text{ただし } x \neq 0)$$

という性質で定義されます（図 3-2）．積分範囲は，$f(x)$ の定義域全体です．

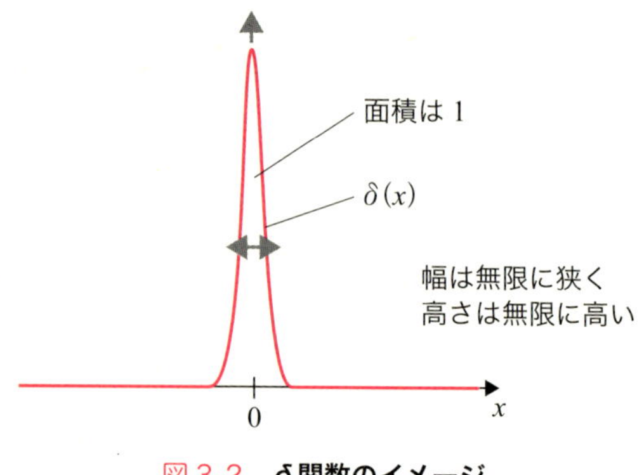

図 3-2　**δ 関数のイメージ**

すなわち，関数 $f(x)$ の原点での関数値をとり出してくるという機能をもっています．しかも，全範囲での積分値は 1 で，$x = 0$ 以外での値は 0 です．

ベクトル空間の言葉でいい換えると，ベクトルに対して何か数値を対応させる関数を表しています（こういうものを**汎関数**といいます．数値ではなく関数を引数とし，数値を値とする関数という意味です）．

入力		汎関数		出力
$f(x)$ という関数	$\longrightarrow$	$\delta(f(x))$	$\longrightarrow$	$f(0)$ という数値

ところがこのような「関数」は存在しえません．それは積分の定義から来ることなのです．詳しいことは積分論の本にゆずりますが，$x = 0$ というただ 1 点のみで関数値がゼロではなく，他のすべての点でゼロである関数の定積分はゼロなのです．しかし，量子力学の計算に非常に役立つこの δ 関数は，数学的

δ 関数は，関数の値がゼロでない範囲が非常に狭くて，積分した値が 1 になっている．おおざっぱにいうと，関数の絶対値のグラフと横軸の間の面積が 1 ということじゃ．したがって，ある範囲では非常に大きな値をもっているということになる．関数の鋭くなった極限と思えばわかりやすいぞ．

には矛盾した概念といわれながら，便利に用いられてきました〔後に，シュワルツの超関数（distribution）であるとか佐藤超関数（hyperfunction）という理論によって合理化されました〕．

ブラケット記法

ヒルベルト空間を舞台とするなら，その要素 $|x\rangle$ と $|y\rangle$ の内積は，

$$(|x\rangle, |y\rangle)$$

と書かれるはずです．括弧の記号（,）は数学での内積の記号です．物理学ではこれを，次のように書いてしまうのです．

$$\langle x,y\rangle \qquad \text{または} \qquad \langle x|y\rangle$$

実は，記号が違うだけというのではなく，意味も違います．この物理の内積表記を分解して書くと，

$$\langle x| \quad \text{と} \quad |y\rangle \quad \text{の内積}$$

ということを示唆する記号なのです．量子力学では，$\langle x|$ の方を**「ブラ」ベクトル**，元の $|y\rangle$ の方を**「ケット」ベクトル**とよびます．このよび方はブラケット（括弧）を左半分と右半分に分けた記号というディラックのしゃれです．

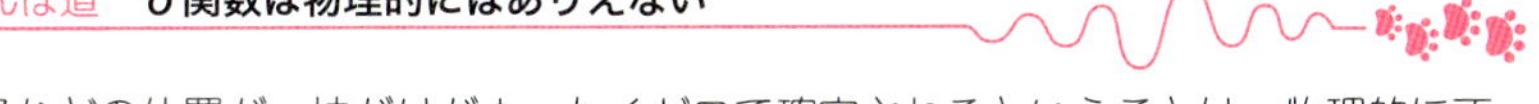

電子などの位置が，拡がりがまったくゼロで確定されるということは，物理的に不可能であると考えられます．そのような状態を生成するためには無限に大きいエネルギーが必要になるからです．したがって物理的な状態には δ 関数のようなものは含まれず，もっと穏やかな性質の関数であることが求められるでしょう．たとえば，何回でも微分できてその結果が連続であり，無限遠では急速に指数関数的に減少するなどというような性質が仮定されます．この関数の集合は「急減少関数」とよばれます →p.121．このような関数は，ヒルベルト空間の要素のすべてではなく，その部分集合です．

さて，ケットはもともとのベクトル空間の要素ですが，ブラ・ベクトルは何でしょうか．物理学では，あたかも1つのヒルベルト空間から2つの要素をとり出して，その内積を計算するという感じでとり扱います．ただしその際ブラは，もともとのケットの**複素共役**だということだけが違うのです．

> 複素数 $z = a + bi$ の複素共役は，$z^* = a - bi$ だぞ．複素数の大きさは下図のように
>
> $$|z| = \sqrt{a^2+b^2}$$
>
> となるので，$|z|^2 = a^2 + b^2$ と書ける．すると次のように，複素数の大きさの2乗は，複素数とその複素共役を掛けたものになるぞ．
>
> $$|z|^2 = a^2 + b^2 = zz^*$$

しかし，物理的にいうと大きな違いがあります．というのは先に出てきたδ関数という超関数をとり込もうとした場合があるからです．これは状態を表す関数としては実現できないもので，関数に対して数値を対応させる機能でしかありません．いい換えると δ関数は，ブラ・ベクトルではありますが，ケット・ベクトルにはなりません．量子力学では

$$\int_{-\infty}^{\infty} \delta(x) f(x)\,\mathrm{d}x = f(0)$$

というような計算が頻出するのですが，これはケットである $f(x)$ と，ブラである $\delta(x)$ の「内積」です．つまり，$\delta(x)$ などの超関数を含むブラの

さんぽ道　数学と物理の内積の違い

数学と物理の内積の違いについていいますと，数学ではヒルベルト空間の内積を表します．しかし，物理では，実は超関数と緩増加関数の内積なのです．それを物理ではヒルベルト空間の内積と，数学的には正しくないのにいってしまうのです．また，物理でも数学でも内積では片方がもう一方の複素共役になるのですが，数学ではケットに相当する方を左に，ブラに相当するほうを右に書きます．物理では $|x\rangle$ と $|y\rangle$ の内積というとき，$\langle y,x\rangle$ と書きます．ただし $\langle y|$ は $|y\rangle$ の複素共役ベクトルです．数学だと内積を丸括弧で (x,y) とし，ただし y のほうが複素共役で，逆になります．

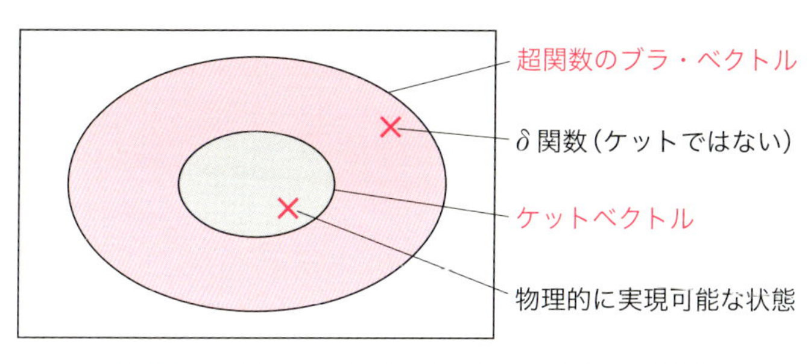

図 3-3　ブラ・ベクトルとケット・ベクトルの関係

集合は, ケットの集合を真に含んでいるのです．つまり, ブラのほうがケットより多いのです（図 3-3）.

ディラック記法

δ 関数は，ケット・ベクトル $f(x)$ を引数とした汎関数であると先に説明しました．それは,

$$\delta(f(x)) = f(0)$$

という機能です．普通の，超関数ではないケット・ベクトルにもこのような機能をもたせて，超関数という役割をさせることができます．たとえば関数 $g(x)$ は次のように，関数，すなわちケット・ベクトルに対して数値を対応させる機能であるとみることもできます．

$$g(f(x)) = \int_{-\infty}^{\infty} g^*(x) f(x)\, dx$$

というぐあいです．これらの式を,

$$\delta(f(x)) = \langle \delta, f \rangle \quad , \quad g(f(x)) = \langle g, f \rangle$$

というように，ブラとケットの内積の記号で書くのが，**ディラック記法**なのです．

これからよく出てくるから，覚えておこう．

3.3

量子力学は 2 元論になっている

前おきが長くなったが，量子力学は抽象的な世界での力学と，対象の存在する物理的世界での現象との 2 重構造になっているのじゃ．

ざっくりいうと，どういうことでしょうか？

ニュートン力学で説明できないミクロな世界での現象を記述するためには，記述する対象そのものの量についてではない，ヒルベルト空間での力学が必要とされるんだ．ちなみに，その 2 つの世界を結ぶのが，**確率解釈**というものじゃ．

ニュートン力学の計算と現実世界

ニュートン力学のような**古典力学**では，理論に現れる変数は，そのまま現象世界の物理量の値を示しています．質点の運動を古典力学で研究しようとしたら，その質点の位置 x という物理量が，時間 t が経過していくとどう変化していくか，すなわち $x(t)$ を求める計算をして運動を決定することになります．すなわち**ニュートンの運動方程式**

$$m\frac{\mathrm{d}^2}{\mathrm{d}t^2}x(t) = F(x,t)$$

を，ある初期条件の下に解くということになります．$F(x,t)$ は質点に働く外力です．

力が**ポテンシャルエネ**

ポテンシャルエネルギーとは，たとえば位置のエネルギーなどがその例じゃ．重力場の中で粒子を高い位置にもち上げれば，その粒子は下に落ちることにより位置のエネルギーが運動エネルギーに変わって加速されていく．このとき粒子が受ける力は $-\frac{\mathrm{d}}{\mathrm{d}x}V(x)$ のように表されるぞ．

ルギー $V(x)$ から導かれる場合を考えましょう．$V(x)$ は，位置 x で粒子がもつポテンシャルエネルギーの値です．

つまり，静的なポテンシャル $V(x)$ のなかでの運動であれば，

$$m\frac{\mathrm{d}^2}{\mathrm{d}t^2}x(t) = -\frac{\mathrm{d}}{\mathrm{d}x}V(x)$$

という形の微分方程式を解くわけです．この微分方程式には，現実世界での質点の位置を表す量 $x(t)$，すなわち実際に観測される量が，そのまま現れていることに注目してください．それを直接計算するわけですから，余すところがありませんね．

古典力学の確率計算

古典力学であっても，確率的な現象を扱う場合もあります．質点が存在する確率分布を表す $\rho(x,t)$ を求めるような場合です．たとえば，粒子がランダムな力を受けて揺動している場合，その位置の確率分布は時間 t の経過にしたがって，次のような拡散方程式によって記述されます．

$$\frac{\partial}{\partial t}\rho(x,t) = D\frac{\partial^2}{\partial x^2}\rho(x,t)$$

$\rho(x,t)$ は，時刻 t に，位置 x に質点が存在する確率密度を表しています．この場合には，確率分布の運動方程式は偏微分方程式 →p.39 になっていますが，理論中の関数 $\rho(x,t)$ が，直接観測できる物理量そのものを表していることに変わりはありません．

さんぽ道　観測した量を式で表す

観測される量の関係を表す式を作って計算するのは，物理学の理論に限りません．経済学ではさまざまな経済指標や政策などの観測されうる変数間の関係を論じ，さらには将来の予測などもします．生理学や心理学でも，刺激や感覚などをできるだけ数値化して，何らかの方法で観測される量の間の関係を論じているわけです．

ところが，量子力学では事態がまったく違います．

量子力学の確率解釈

ということは，確率的な現象を扱うときに，現実世界の直接観測される量以外の概念が必要になるということなのかな…？

波動関数 $\Psi(x,t)$（ヒルベルト空間のベクトル）の変化を求めるのがシュレーディンガー方程式です．$\Psi(x,t)$ と書くと何かの物理量の分布のように感じますが，そうではありません．量子力学発展史の初期には波動関数の解釈ということが問題になりました．たとえば，電子は空間的に拡がった実体で，$\Psi(x,t)$ はその密度分布を表している，いや，それではうまくいかない……などという論争です．

結論はというと，$\Psi(x,t)$ は，直接に測定される物理量の数値を表していません．シュレーディンガー方程式などを使って計算するのは，抽象的な世界での運動なのです．現実世界の物理量との対応をとるためには何かの操作が必要なわけです．それがいわゆる，**ボルンの確率解釈**という対応関係です．式で表すと次のようになります．

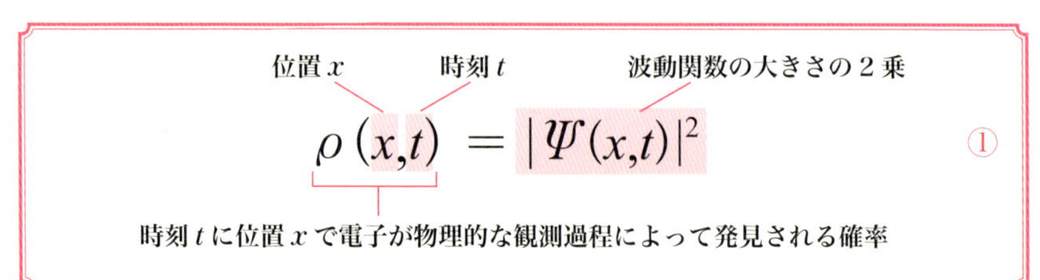

$$\rho(x,t) = |\Psi(x,t)|^2 \quad ①$$

これは，もともと「存在した」確率ではなく，どのような観測をするかという文脈に依存して「発見される」確率です．これを用いれば何でも予言できるわけです．

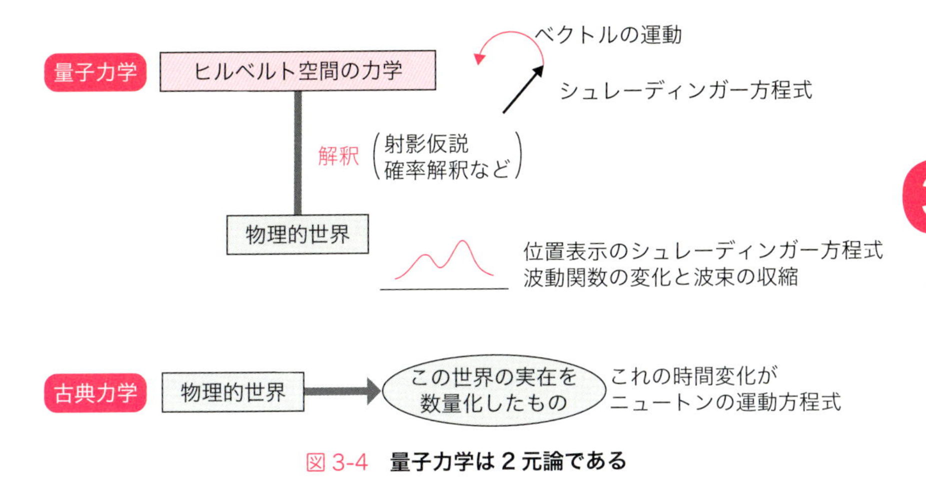

図 3-4　**量子力学は 2 元論である**

測定後はどうなるか——波束の収束，射影仮説

発見されるまではなんとなくわかったけど，測定によって発見されたあとの波動関数はどうなるのかな…？

測定後，波動関数の形は，質点が発見された位置に分布が集中した**δ関数に変化する**という約束になります →p.45．位置が確定するので，いろんな位置で発見される可能性があるとしていた元の形とは合わなくなってしまうわけです．このことは，**波束の収縮**または**波束の崩壊**とよばれる「解釈」です．発見された瞬間やその直後には，もう一回位置を測っても，そのすぐ近くで発見されるということを表しています．

ただし，この「波束の収縮」は測定前からの非因果的な変化です．シュレーディンガー方程式から論理的に導けるものではないのです．これをどう基礎づけるのかはいまだに解決されたとはいえず，20 世紀を通して，多方面からたくさんの研究が成されてきました．それらは**量子力学の観測理論**という研究分野になっています．フォン・ノイマンは，この変化を**射影仮説**とよんで，量子力学の公理の 1 つに棚上げにしました．

物理学の計算を実行する上では，「射影仮説」を公理として認め，ボルンの確率解釈で確率計算をするということを守れば，問題を引き起こすことはありません．

とにかく，量子力学は，シュレーディンガー方程式による決定論と観測過程での（古典的ではない）確率論の2重構造の理論になっていることを認識しておいてもらいたいと思います．ここに，いろいろな困難が現れるのです．

3.4 ヒルベルト空間とは何か

2重構造である量子力学の数学理論としての部分（現実の物理的世界との対応部分についても）をつかさどっているのは，「ヒルベルト空間」とその上の「線形作用素論」というものじゃ．

ヒルベルト空間について学ぶのですね．あまり数学的厳密性にはこだわらずにやさしく説明してくださいね！

状態ベクトル

まずは天下り的にいってしまいますが，量子力学では，対象とする体系の状態はベクトル $|\Psi\rangle$ で表されます．このベクトルは**状態ベクトル**とよばれます．歴史的には**波動関数**とよばれてきたものです．

ベクトルというと奇異に感じるかもしれません．線形代数で習う概念である，たとえばわれわれの住む3次元空間の矢印で表される「幾何ベクトル」と同じと思ってもらってかまいません．このベクトルのある性質をもった集合が**ヒルベルト空間**なのです．

線形空間と線形代数

「空間」といっていますが，数学では何かの集合に，たとえば要素間の距離などの関係のような「数学的構造」が定義されていると，「空間」とよびます．必ずしもわれわれの住む3次元空間や，その拡張というような意味に限られてはいません．

- その「空間」の要素どうしの間に「和」という演算が定義されていて，その結果もその空間の要素であること
- 要素に対してスカラー（実数や複素数のような数）倍する演算が定義されていて，その結果もその空間の要素であること

という演算が定義されていて，

x, y, z をベクトル，a, b をスカラーとして，

- $x + (y + z) = (x + y) + z$ ，　$x + y = y + x$
- すべてのベクトル x に対して，$x + 0 = x$ となるゼロベクトル 0 の存在
- すべてのベクトル x に対して，$x + (-x) = 0$ となる $-x$ というベクトルの存在
- $a(x + y) = ax + ay$ ，$(a + b)x = ax + bx$ ，$a(bx) = (ab)x$
- $1x = x$ となるスカラー 1 の存在

以上の性質を満たすものを**ベクトル空間**（**線形空間**）といいます．この空間の要素を「ベクトル」とよぶわけです（図3-5）．幾何ベクトルは確かにこれらの性質を満たしていますね．このベクトル空間（線形空間）とその空間上での演算について学ぶのが**線形代数**です．

たとえば，x-y 平面の2次元のベクトルを角度 θ だけ回転させるという作用

$$\begin{pmatrix} x \\ y \end{pmatrix} \xmapsto{\text{回転}} \begin{pmatrix} x' \\ y' \end{pmatrix}$$

は次のように行列で表せるぞ．

$$\begin{pmatrix} x' \\ y' \end{pmatrix} = \begin{pmatrix} \cos\theta & -\sin\theta \\ \sin\theta & \cos\theta \end{pmatrix}\begin{pmatrix} x \\ y \end{pmatrix}$$

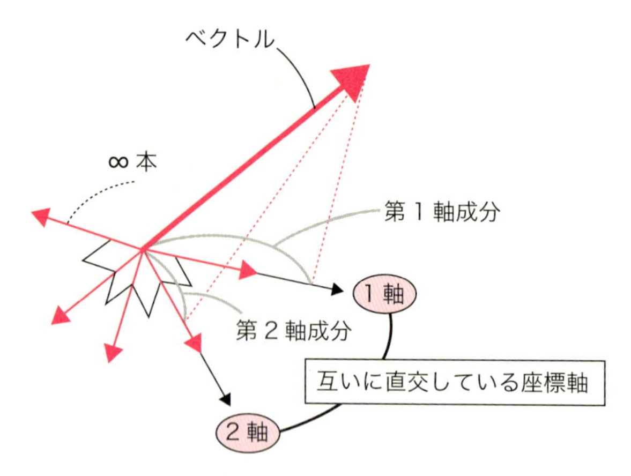

図 3-5　**無限次元ベクトル空間のイメージ**

ベクトルに作用し，その結果がベクトルになる場合，その作用を行列として表すことができます．行列も線形代数の主役の1つです．それも加えて，線形代数の空間の要点をまとめると次のようになります．

> ・$|a\rangle$ と $|b\rangle$ を2つのベクトルとすると $c_1|a\rangle + c_2|b\rangle$ もベクトル
> ・ベクトル空間 V から V への対応 $\hat{L}$ で，
> $$\hat{L}(c_1|a\rangle + c_2|b\rangle) = c_1\hat{L}|a\rangle + c_2\hat{L}|b\rangle$$
> を満たすものを線形作用素という（線形代数なら行列で表される）．

関数の集合とベクトル空間

量子力学の教科書では，波動関数の集合がベクトル空間であり，シュレーディンガー方程式に含まれる微分という作用素は，行列を拡張した概念で表せるなどと書いてあります．なぜ「関数」がベクトル空間の要素，すなわちベクトルだと考えられるのでしょうか．

Step2 で述べたように，関数は，その数ヵ所の関数値をサンプルすることによって，サンプルした箇所の数だけの次元をもつベクトルで近似できます（→p.10）．サンプルする箇所を多くしていった極限が元の関数と考えられるのです．だから，ベクトル空間は関数の集合について研究する舞台になるわけです．そのなかでも特にうまい性質をもっているのが，「ヒルベルト空間」で，量子力学や通信理論など多方面で役立てられています．

距離——類似度を測る指標

ある空間の任意の2つの要素 x, y の間に $d(x,y)$ という2変数関数（x, y は実数値）が定義されていて，次の表の公理を満たしているとき，その2変数関数を**距離**とよびます．

正定値性	$d(x,y) \geq 0$	距離は負であることはなく，最低ゼロだということ
非退化性	$(x = y) \Leftrightarrow d(x,y) = 0$	同一点の距離はゼロ，逆に距離がゼロの2点は同一点だということ
対称性	$d(x,y) = d(y,x)$	距離はどちらから測っても同じでなくてはならないこと
三角不等式	$d(x,y) + d(y,z) \geq d(x,z)$	途中寄り道して測ると，一気に測るより長くなるべきこと

たとえば，平面上の2点間の線分の長さを $d(x,y)$ とすると，$x = (x_1,x_2)$，$y = (y_1,y_2)$ と表記することにして，

$$d(x,y) = \sqrt{|x_1 - y_1|^2 + |x_2 - y_2|^2}$$

さんぽ道　市街地距離の関数型

距離の公理を満たす関数形はほかにもあります．たとえば，市街地距離

$$d(x,y) = |x_1 - y_1| + |x_2 - y_2|$$

のような関数も，距離の公理を満たします．これは札幌の町のように南北と東西に通りが整然と整備されている市街で，ある地点から別の地点へ通りのみを伝って移動する道のり（の最短）を表しています．

距離は近縁度を測る指標ですから，学問の基本ともいえる「分類」のツールとして重要なのです．物理学や数学だけでなく，多変量解析学，社会学や経済学，心理学，文献学，系統学などでもそれぞれの分野に適したいろいろな距離が用いられます．

のように，ピュタゴラスの定理から計算されます．これが**2次元ユークリッド空間での距離**で，最初に挙げた距離の公理系を満たしています．

距離は，その集合の中の2つの要素が，どれだけ似ていないか，近縁でないかの指標です．ですから，関数の集合を表している空間では，関数の近似度（の反対）を表しているといえます．

線形空間で，特に距離が定義されているものを**距離空間**というのですが，その距離が，次項で説明する内積を通じて定義されている場合を**内積空間**といいます．

内積とは

ヒルベルト空間とは，数学的ないい方をすれば，可算無限次元の線形空間で**内積**という演算が定義されたものです．ここで，「内積」という概念が重要となります．なぜなら，内積から誘導される距離を通じて，ベクトルすなわち関数がどれだけ似ているかの指標を与えられるからです．

「可算無限次元」とは，1つ2つと跳び跳びに数えられる無限の程度を表す言葉じゃ．3次元空間から次元数が，3，4，5，……と増えていった極限とイメージすればよいぞ．

その無限次元の座標の値の組がヒルベルト空間のベクトルなのですが，どんな座標の値の組でもよいわけではなくて，物理的状態に対応するためのある制限が付いています．

任意の2つの要素をx，yとして，その「内積」とよばれる量を$\langle x,y\rangle$と書きます．これは実数値または複素数値（量子力学の場合は複素数値）の2変数関数で，以下の公理を満たすものとして定義されます．

$\langle x,y\rangle = \langle y,x\rangle^*$	**共役対称性**：右辺の肩についたスター記号は複素共役を表す．実数の場合だと，左辺での1番目の引数xと2番目の引数yの順を変えてy,xの順にしても値が変わらない．

$\langle x, \alpha y + z\rangle = \alpha\langle x, y\rangle + \langle x, z\rangle$	右側の引数についての**線形性**を表す．右側の引数について定数倍や和をとると内積記号の外に出るという性質．この場合は，$\langle x, y\rangle$ の引数のうち右側の引数 y が $\alpha y + z$ となっていて，内積はこの線形結合に対して $\alpha\langle x, y\rangle + \langle x, z\rangle$ と，2つのベクトルに対して別々に，また定数倍は定数倍にして計算すればよい．
$\langle x, x\rangle \geq 0$	**正定値性** → →p.57
$\langle x, x\rangle = 0 \Rightarrow \|x\rangle = 0$	**非退化性**：自分自身との内積がゼロならば，そのベクトルはゼロベクトル

これは，3次元空間の幾何ベクトルの内積の拡張になっています．ただし複素数を成分とするベクトル（**複素ベクトル**）を扱いますからちょっと複雑です．

複素ベクトルであっても，自分自身との内積は自動的に正の実数になります．また自分自身との内積がゼロならば，そのベクトルはゼロベクトル（すべての成分がゼロであるようなベクトル）です．

さて，自分自身との内積，すなわち内積を作る2つのベクトルとして同じものをとると，**ノルム**という量，

ノルム　　内積の平方根

$$\|x\| = \sqrt{\langle x, x\rangle} \quad ②$$

が定義されます．これは，ベクトル x の「長さ」のような量です．

さんぽ道　内積表記のいろいろ

ここで重要な注意があります．ここでの表記法は物理学の教科書で主に用いられるものです．しかし数学の本では，上の定義とは逆に左の引数について線形性が満たされるように書くことが多いです．すなわち，左側の引数を α 倍すると内積は α 倍になり，右の引数を α 倍すると，内積は複素共役である α^* 倍になります．これは単に記号法の流儀の問題ですが，数学者が書いた量子力学の本を読むときには注意しなくてはなりません．

さて，このような内積が定義されていれば，その内積から

$$d(x,y) = \|x - y\| = \sqrt{\langle x - y, x - y\rangle}$$

のように，距離を導入することができるわけです．これで2つのベクトルの近縁度が測れます．

たとえば，2次元平面（すなわち2次元ユークリッド空間）での内積は

$$\langle x, y\rangle = x_1y_1 + x_2y_2 \qquad ③$$

のように，2つのベクトルそれぞれの，同じ成分どうしの積の和で表されます．この定義式③は，2次元平面での，2つのベクトル$\vec{x}$と$\vec{y}$のなす角度をθとすると，次のように書けるのです（図3-6）．

$$\langle x, y\rangle = \|x\| \cdot \|y\| \cos\theta$$

2次元ユークリッド空間の内積は，n次元ユークリッド空間に拡張され，

$$\langle x, y\rangle = x_1y_1 + x_2y_2 + x_3y_3 + \cdots + x_ny_n = \sum_{i=1}^{n} x_iy_i$$

となります．4次元以上での2つのベクトルの角度θは，直感的な意味は

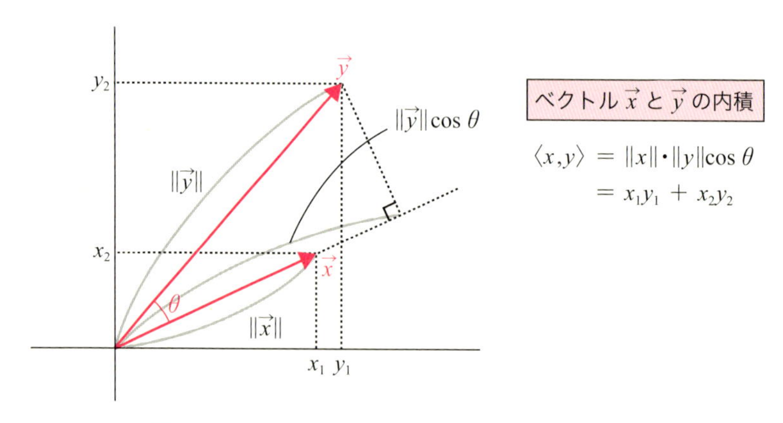

図3-6　**2次元ユークリッド空間でのベクトルの内積**

ありませんが，逆に内積から θ が定義されて，

arccos は cos の逆関数なので，次のようになるわけじゃ．
$\cos\theta = z \quad \Leftrightarrow \quad \theta = \arccos z$

$$\theta = \arccos \frac{\langle x, y \rangle}{\|x\| \cdot \|y\|} \quad \text{すなわち} \quad \cos\theta = \frac{\langle x, y \rangle}{\|x\| \cdot \|y\|}$$

と書けます．

ヒルベルト空間は無限次元内積空間

おおざっぱにいえば，ヒルベルト空間はこの極限としてイメージできます．すなわち，無限次元で内積が定義されている空間です（図 3-7）．

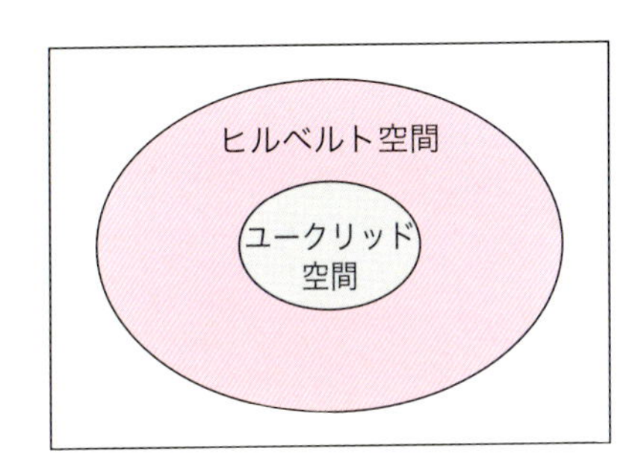

図 3.7　**ヒルベルト空間とユークリッド空間**

数学的な詳細は割愛しますが，区間 $[a, b]$ で，物理的状態に対応する性質をもつ関数の集合は，

複素共役になっている

$$\langle f, g \rangle = \int_a^b f^*(x) g(x) \mathrm{d}x \qquad ④$$

という定義による内積によって，ヒルベルト空間を構成しています．この式は，n 次元ユークリッド空間からの類推で納得できるでしょう．こうし

てヒルベルト空間というものがミクロの世界を記述する道具として使えそうだということが見えてきました．

関数を x の値 n 箇所でサンプルして近似すると考えましょう．x_1，x_2，x_3，…の独立変数の値についてサンプルした関数値列を，関数 $f(x)$ と $g(x)$ に対してそれぞれ f_1, f_2, f_3, …と g_1, g_2, g_3, …とします．すると n 次元ユークリッド空間での内積は，先ほど示したように，

$$\langle f,g \rangle = \sum_{i=1}^{n} f_i g_i$$

となります．近似度を上げるために，$n \to \infty$ とサンプルする箇所を増やしていきます．

$$\lim_{n \to \infty} \sum_{i=1}^{n} f_i g_i$$

この式は，サンプルする x の幅を掛けてやると，微分積分学で学ぶリーマン積分のリーマン和と見比べることにより，式④のように **f と g の関数値を掛け合わせて積分する**という式になります．

関数を，関数の値を x 軸上の n ヵ所でサンプルした n 次元ユークリッド空間のベクトルで表せば，内積は

$$\sum_{i}^{n} f(x_i)\, g(x_i) \Delta_i$$

となる（ただし Δ_i はサンプル点の間隔）．よって，この式でサンプル点の数→∞にすれば積分になり，式④が類推できるのじゃ．ちなみに

$$\int f(x)\,\mathrm{d}x = \lim_{n \to \infty} \sum_{i=1}^{n} f_i \Delta_i$$

が「リーマン積分」の定義じゃ．

ただし複素数値関数の場合には，左の引数になる関数 f のほうは，その関数値の複素共役をとったものということになります．

内積の公理から →p.58，右の g については線形，左の f については複素共役をとることが決められています．実数だと複素共役をとったものは

さんぽ道　可算無限と連続無限

ここでいう無限とは「可算無限」といって，1，2，3，……と数えるイメージの無限です．実は，無限には「連続無限」といって，数直線上の実数全体のように，可算無限よりはるかに「多い」無限がいくらでもあります．

自分自身なので，そのことは気にしなくてよいのです．

3.5

ヒルベルト空間が登場する理由――不確定性原理

ヒルベルト空間はどうだったかな？　次はなぜそのような抽象的な概念がミクロな世界の物理学に登場してくるのか，1つの説明を試みよう．実は，その説明は量子力学が成立し，大成功を収めたあとの20世紀後半になってから，後付けで整理された話なんじゃ．

それを大まかにまとめたのが下の図式なんですね．

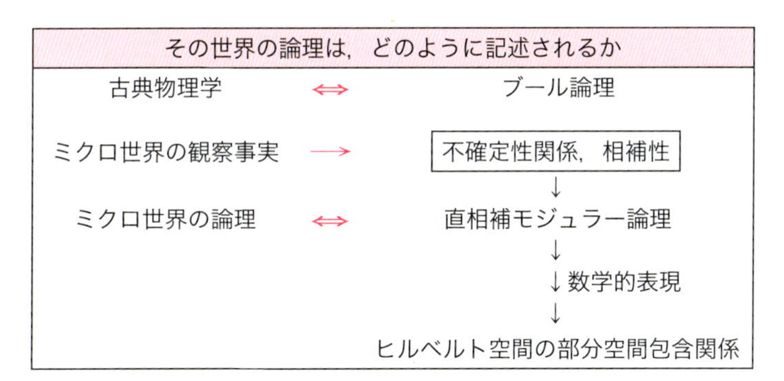

不確定性原理

量子力学の入門書には，量子力学の基本は「不確定性関係」だと書いてある本と，「重ね合わせの原理」が基本だと書いてある本がありました．

数学理論としての量子力学の構造を考えてみると，どちらも妥当なんだ．ここでは，不確定性原理から出発してみるぞ．

「電子の位置と運動量は同時に確定した値をもつものとして測定されることはできない」ということがいろいろな実験からわかっています．位置と運動量の「測定値の不確定さ」の間に不等式が成り立つ，ということを**ハイゼンベルクの不確定性関係**といい，それはハイゼンベルクの顕微鏡という思考実験で活写されるともいわれます（図 3-8）．ただし，物理学者の間にも多くの誤解が流布しているように，実はこれは，ハイゼンベルク自身も最初は誤解していたかなり難しい問題で，最近，小澤の不等式として解決されました．誤解は，量子力学的状態のもつ拡がりあるいは不確定さと，量子力学的測定による測定誤差あるいはその不確定さの混同でした．

話を戻しましょう．いずれにしても，ミクロの世界には，「不確定さ」があります．

位置の測定に関して，「位置 a から位置 b（$> a$）の間の区間でその電子が発見される」という命題を考えることができます．一方「運動量が c か

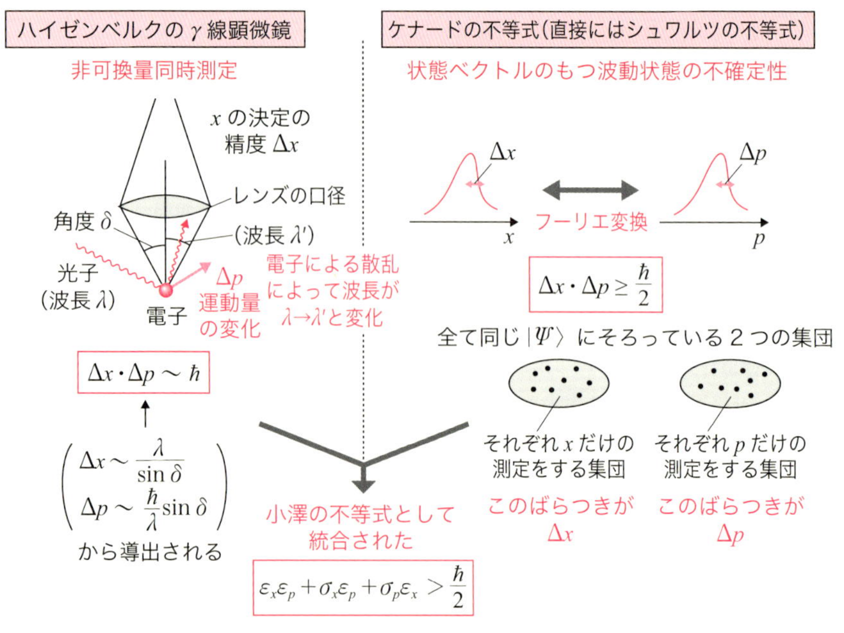

図 3-8 **ハイゼンベルクのガンマ線顕微鏡と不確定性関係**

ら d ($>c$) の間の区間の値をとる」という命題も考えられます．すると この 2 つの命題を論理演算「AND」(かつ) で結合した

位置は a から b ($>a$) の間で，かつ，
運動量は c から d ($>c$) の間である

という命題も考えうるでしょう．日常の私たちの身の回りのマクロの世界では当然です．普通の論理学で学ぶアリストテレス以来の論理学では確かにそうです．ところが，ミクロの世界ではそうではないのです．

古典力学の世界では，位置も運動量も確定した，位置が a で運動量は c であるということが成り立つのですから，当然，上の「かつ」で結合した複合命題も 1 つの確定した意味をもった命題です．ところがミクロの世界では不確定性関係があるので，位置と運動量の両方が特定された状態は存在しないのです (図 3-9 a)．

片方の量ならいくらでも精度よく測定できるので (このいい方は厳密にいうと不正確ですが，ここでは深入りしません)，位置についての命題で測定の精度を上げて，a と b の幅を小さくしていっても問題ありません．同様に運動量についての命題でも，c と d の幅を小さくしていっても大丈夫です．そして，位置についての命題と運動量についての命題を「AND」で結合した複合命題も，ハイゼンベルクの不確定性関係を破らない範囲では大丈夫です．しかし位置について a と b の幅を小さくして，同時に運動量についても c と d の幅を小さくしてやった複合命題は，命題として成り立たないのです．その複合命題は不確定性関係の不等式を破ってしまうからです．

さんぽ道　不確定性関係と非可換

不確定性関係から，測定結果も当然測定する順序に依存することになります．このことを数学的には，位置と運動量はその量子力学理論中の線形作用素という数学的対応物が「非可換」であるといいます．このことからシュレーディンガー方程式の具体的な形が決まってきます．ですから，非可換性が基本というのも正しいのです．

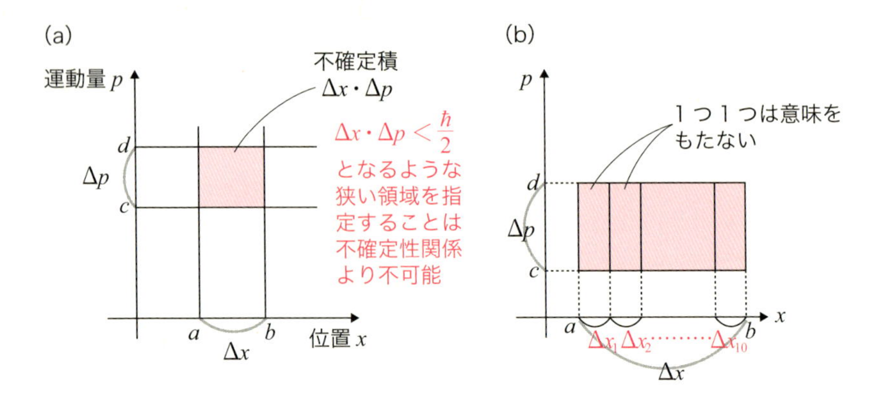

図 3-9　**不確定積と分配律**

分配律と論理演算

具体的に示してみます．位置の命題で，a と b の間をたとえば 10 分割したとしましょう．図 3-9 b を見てください．

位置だけに関する命題としてなら，分割したそれぞれが 10 個の命題に対応します．一方，10 個の命題を「OR」で結合した命題は，10 分割する前の元の命題となります．

この元の命題と，運動量についての命題は，不確定性関係を破らないので意味のある命題として成り立っているとします．しかし 10 分割した，ある位置についての 1 つの命題と，運動量の命題を「AND」で結合した命題は不確定性関係を破っているとします．すると

さんぽ道　ブール論理と直相補モジュラー論理

数学用語でいい表すと，ミクロの世界の論理は「ブール論理」ではなくて「分配律が成り立たない論理」なのだということになります．「ブール論理」とはアリストテレス以来の論理学のことで，日常生活もコンピュータのおこなう計算もブール論理で遂行しています．そして，古典世界のブール論理と異なる，このミクロ世界の論理のことを数学用語で「直相補モジュラー論理」といいます．この直相補モジュラー論理を具体的に表現できるのは，ヒルベルト空間の部分空間の包含関係が構成する論理演算なのです．ヒルベルト空間の部分空間が，量子力学での命題に対応するのです．

$$(a_1 \vee a_2 \vee \cdots \vee a_{10}) \wedge c \neq (a_1 \wedge c) \vee (a_2 \wedge c) \vee \cdots \vee (a_{10} \wedge c) \quad ⑤$$

ということになります．ここで，$\wedge$ は「AND」を表し，$\vee$ は「OR」を表す論理演算記号です．また，a_i は 10 等分された区間それぞれに対応する位置命題，c は運動量が c と d の間であるという命題としています．

われわれの普通の世界では，式⑤では不等号でなく，等号が成り立ちます（どちらも図 3-9 b のピンクの部分全体です）．このことを数学では**分配律**が成り立っているといいます．一方，ミクロの世界では，不等号になるので，論理演算について分配律が成り立たないということになります．実はこのミクロ世界の論理演算を表現できるのが，ヒルベルト空間なのです．

複合体系の状態

不確定性関係以外に，ミクロの世界では複数の部分系からなる複合体系の状態は，各部分系の状態を AND で結合したものでは記述できないという問題があります．波動関数という言葉を先どりして使ってしまいますが，2 つの粒子 a, b があったとすると，その状態は，位置の測定を考えるときに波動関数 $\Psi(x_a, x_b)$ という 2 変数関数で表されます．しかしこの状態は，a の位置 x_a の測定についての波動関数 $\Psi_a(x_a)$ と b の位置の測定についての $\Psi_b(x_b)$

さんぽ道　複合体系の問題

近年のアインシュタイン・ポドルスキー・ローゼンのパラドックスにまつわるたくさんの実験成果も複数の部分系からなる複合体系の問題に関係しています．ただし本書では多体系は割愛せざるをえません．

を AND（積）で結んだ $\Psi_a(x_a)\cdot\Psi_b(x_b)$ としては表しきれないのです．このようなこともヒルベルト空間が必要になる大きな理由です（ベクトルのテンソル積という性質に由来するのですが本書では説明しません）．

3.6 数学的準備 2——直交，基底ベクトル，射影作用素

ベクトルの直交

ある物理量の特定の測定値に対応するベクトルは，その特定の測定値（固有値）に対応する固有ベクトルなんじゃ．

測定値が異なると固有ベクトルはどうなるんですか？

直交する．といってもわからないだろうから，まずはその数学的な基礎を見ていこう．

2 つのベクトル $|f\rangle$ と $|g\rangle$ が（いい換えると 2 つの関数が）どれだけ似ているのかをどう判定するか，ということについて考えてみましょう．それには，3.4 節で出てきた，距離が小さければ似ているという考えが使えます．ではその距離は，ヒルベルト空間ではどのように定義されたか思い出してください．$|f\rangle$ と $|g\rangle$ の差が小さいと似ているのですから，

$$\mathrm{d}(f,g) = \| |f\rangle - |g\rangle \| = \sqrt{\langle f-g, f-g\rangle}$$

が小さいと似ているということになります．最右辺では，$|f\rangle - |g\rangle$ を $|f-g\rangle$ と略記しました．

$|f\rangle - |g\rangle$ すなわち $|f-g\rangle$ というベクトルは，幾何学的にいうと，$|f\rangle$ と $|g\rangle$ の先端を結んだ線分で表されるベクトルです（向きは，$|g\rangle$ の先端

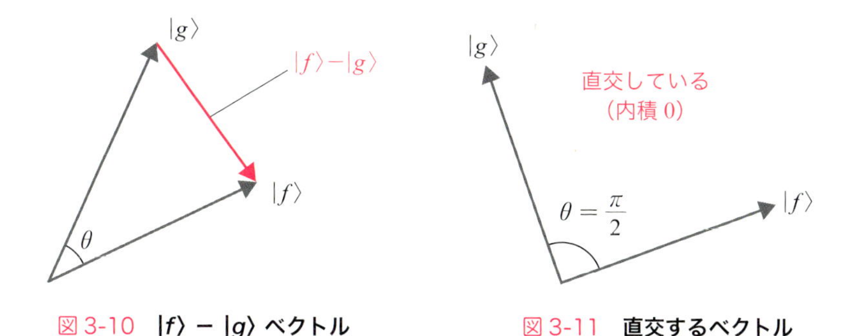

図 3-10　**$|f\rangle - |g\rangle$ ベクトル**　　図 3-11　**直交するベクトル**

から$|f\rangle$の先端に向けてになります（図 3-10）．それが短ければ似ているということになります．その差を短くしていって（$|f\rangle$と$|g\rangle$の長さは同じとしています）角度θがゼロになると，$|f\rangle$と$|g\rangle$は同じベクトルになるわけです．

一方，似ていない極致は，$\theta=\dfrac{\pi}{2}$の場合で，$|f\rangle$と$|g\rangle$の内積がゼロとなっているときです（図 3-11）．この状態を，「2 つのベクトル（関数）は**直交**している」といい表します．

基底ベクトルと線形結合

一般にn次元の内積空間では，お互いに直交するベクトルをn本とることができます．その空間のすべてのベクトルを，その線形結合として表現できるようなベクトルの集合を，**完全系**とか**基底ベクトル**といいます．

2 次元や 3 次元のユークリッド空間のように，あるベクトルを独立な基底ベクトルの線形結合として表すことを考えてみましょう．たとえば 3 次元だと，

$$|f\rangle = c_1|e_1\rangle + c_2|e_2\rangle + c_3|e_3\rangle \qquad ⑥$$

のように，3 本の**基底ベクトル**$|e_1\rangle$，$|e_2\rangle$，$|e_3\rangle$の**線形結合**で書くことができます（図 3-12）．

$|e_1\rangle$，$|e_2\rangle$，$|e_3\rangle$はそれぞれ 3 次元空間の直交する 3 方向を向いていて，

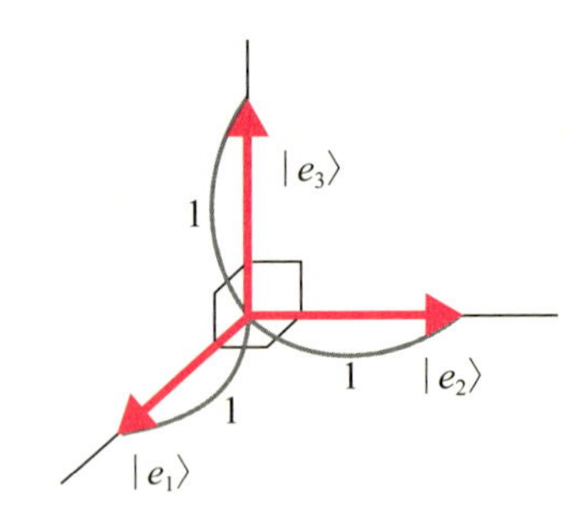

図 3-12　**基底ベクトル（3 次元の場合）**

長さが 1 のベクトルです．式で書くと次のようになります．

基底ベクトルのノルム

$$\| |e_i\rangle \| = 1 \qquad (i = 1,\ 2,\ 3) \quad ⑦$$

$$\langle e_i, e_j \rangle = \delta_{ij} \quad ⑧$$

基底ベクトルの内積　　クロネッカーの δ

δ_{ij} という記号は，「**クロネッカーの δ**」という記号で，i と j という 2 つの添え字が一致するときは 1，一致しないときにはゼロという値をもちます．したがって，式⑧は自分以外の基底ベクトルとは直交しているということをいっています．実は，式⑦は式⑧に含まれていますが，はっきりさせるために重複してはいますが別に書きました．

それでは，任意の $|f\rangle$ が与えられたとき，式⑥のように線形結合として表すための係数（**展開係数**といいます）c_1，c_2，c_3 はどのようにして求められるでしょうか．答えは，$|f\rangle$ の展開式の両辺と，ブラ・ベクトル $\langle e_i|$ との内積をとればよいのです．

$$\langle e_i, f \rangle = c_1\langle e_i, e_1\rangle + c_2\langle e_i, e_2\rangle + c_3\langle e_i, e_3\rangle$$

右辺の内積は，定義よりクロネッカーの δ ですから，3 つの項のうち i と一致する場合だけが 1 での頃はすべてゼロです．したがって

$$c_i = \langle e_i, f \rangle \qquad ⑨$$

と求まります．量子力学では，展開係数 c_i のことを，ベクトル $|f\rangle$ の ***i* 方向成分の係数**とか**振幅**などとよぶのが普通です．この形を元の展開式⑥に戻せば（総和記号 Σ を用いて）

$$|f\rangle = \sum_{i=1}^{3} \langle e_i, f \rangle |e_i\rangle \qquad ⑩$$

となります．この式は何次元空間でも同様な式になります．その無限次元版がヒルベルト空間での直交関数展開なのです．

単位の分解

この式⑩の書き方を少し変えて，

$$|f\rangle = \sum_{i=1}^{3} \langle e_i, f \rangle |e_i\rangle = \sum_{i=1}^{3} |e_i\rangle \langle e_i, f \rangle = \left(\sum_{i=1}^{3} |e_i\rangle \langle e_i| \right) |f\rangle$$

としてみましょう．この式は $|f\rangle \mapsto |f\rangle$ と何もせずにあるベクトルをそのベクトル自身に対応させていることを示します．右辺の括弧の中のピンクの部分は「**単位の分解**」とよばれます．単位とは何もしないということです．つまり，括弧の中は，

$$\hat{I} = \sum_{i=1}^{3} |e_i\rangle \langle e_i|$$

というように，何もしない作用素 $\hat{I}$（**恒等作用素**）なのです．一番右側のブラ・ベクトル $\langle e_i|$ が $|f\rangle$ に掛かって内積となり，それは式⑨より，e_i 成分の展開係数 $c_i = \langle e_i, f \rangle$ になっていることがわかります．つまり，基底 $|e_i\rangle$ をそれぞれその係数倍したベクトルをすべて加え合わせると元の $|f\rangle$ に戻りますよ，というわけです．

射影作用素

上の式の中で，$|e_i\rangle\langle e_i|$ というものを $|e_i\rangle$ 方向への（1次元の）**射影作用素**といい $\hat{P}_{e_i}$ のように書きます．$|f\rangle$ に作用させると，

$$\hat{P}_{e_i}|f\rangle = |e_i\rangle\langle e_i| \cdot |f\rangle = \langle e_i, f\rangle|e_i\rangle$$

となりますから，$|e_i\rangle$ のノルムが1ならば，ベクトル $|f\rangle$ の $|e_i\rangle$ 成分をとり出していることがわかります．射影作用素とはこのような1次元への射影のみではありません．たとえば上の例の3次元空間で，$|e_1\rangle$ と $|e_2\rangle$ で張られる2次元平面（部分空間）への射影なら，

$$\sum_{i=1}^{2}|e_i\rangle\langle e_i|$$

が，2次元平面への射影作用素となります（図 3-13）．射影作用素は，数学では，$\hat{P}^2 = \hat{P}$ という性質（べき等性）で定義されます．射影作用素を2回作用させても，1回作用させたのと同じであるという条件です．

さんぽ道　部分空間

部分空間とは，この3次元空間の例に則して説明すると次のようになります．線形空間の部分空間とは元の空間の部分集合で，それ自身線形空間であるようなもののことです．線形空間とは，その要素の定数倍やその要素の線形結合が，その空間に含まれるようなものですから，上の例でいうと，もとの空間が $|e_1\rangle$，$|e_2\rangle$，$|e_3\rangle$ という3つの直交ベクトルで張られる3次元空間の場合，$|e_1\rangle$ と $|e_2\rangle$ とで張られる2次元平面は定義の要件を満たすので，部分空間です．当然，$|e_2\rangle$ と $|e_3\rangle$ とであるとか $|e_3\rangle$ と $|e_1\rangle$ とで張られる平面なども2次元の部分空間です．さらには原点を通るどのような平面も2次元部分空間です．そして，原点を通るどの直線も1次元部分空間ということになります．

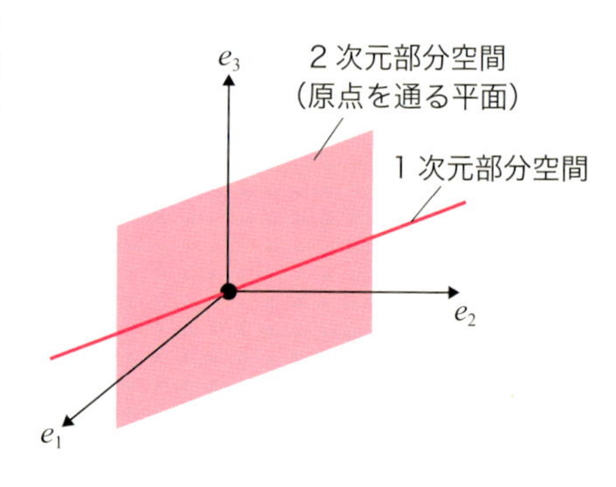

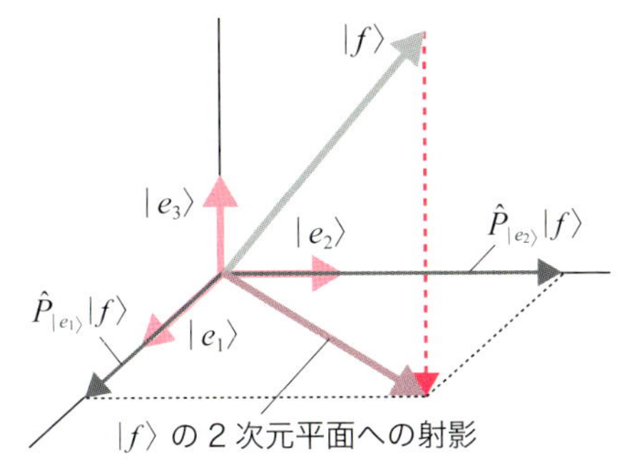

図 3-13　**射影作用素と基底ベクトル**

射影作用素と波束の収束

現実の物理的世界と量子力学の数学理論との対応規則，すなわち「ボルンの確率解釈」→p.52によって，$|e_i\rangle$ のうちどの状態にあるかという測定をしたときに，状態ベクトルは

$$|f\rangle \rightarrow |e_i\rangle \quad \text{（ただし測定値が } i \text{ 番目の状態を表す値だったとき）}$$

のように変化するとして，この変化を**波束の収縮**とよびます．フォン・ノイマンはこの変化を**射影仮説**として公理にとり入れて，射影作用素 $\hat{P}_{e_i}$ で記述したのです．このことは 3.8 節でまたとり上げます．

正規直交完全系 CONS

さて，「単位の分解」という関係式は，どんな直交ベクトルの集合を採用しても成り立つわけではありません．この性質を満たす基底ベクトル

➡さんぽ道　要素還元論的発想

このように，対象を単純な要素に分けて（基底ベクトルについて展開して），そのそれぞれの挙動を調べ，その結果を加え合わせれば線形性から全体の挙動がわかる，という発想は，西欧科学の特徴である要素還元論そのものです．フーリエ解析，回路理論，線形応答理論，システム理論，周波数解析，制御理論など理工学の随所に見られる発想です．

の集合は，**正規直交完全系**であるといいます．**CONS**（Complete Ortho-Normal System）と略すこともよくあります．その意味は次の通りです．

正規 (normal)	そのベクトルたちのノルムはすべて 1 であるということ
直交 (ortho-)	そのベクトルたちは，どの 2 つをとっても直交している（内積がゼロである）ということ
完全 (complete)	その空間のすべてのベクトルを，その基底ベクトルの線形結合で表現できるという能力

先の 3 次元ユークリッド空間の例では，3 つの直交基底ベクトルが完全系になっています．

3.7 量子力学的命題に確率の値を――期待値，規格化

ミクロ世界では，実験によると，確率的予言しかできない場合があることがわかっている．つまり，可能な限り同じ条件にそろえた状態で実験をおこなっても，毎回の結果が異なることがあるのじゃ．

でも結果の確率分布は予言できるようになっているのですよね？

おー，そうじゃ．だから，ミクロ世界の確率論，すなわち量子力学的命題に確率の値を対応させるという理論はどのような構造になるのかが問題なのだ．世界が決定論的ではないとすると，その世界についての命題に対して確率はどう記述されるか，というテーマじゃ．

期待値とは

そもそも，決定論的ではない世界で物理的な系の状態が決まっている，あるいは特定されているとはどういうことなのか……

われわれが観測できる現象の世界において確率論的記述という場合，すべての観測可能な物理量 X に対して，ある状態においてそれを測定したときの**期待値**が与えられていればよいでしょう．

期待値 ω（状態，物理量 X）

期待値としているのは，われわれは確率論的記述で満足せざるをえず，測定値は測定を繰り返すごとに違ってくることを受け入れているからです．そのことを ω の値が予言していればよいのです．

物理量 X として何が来てもよいわけですから，考えうるすべての実験に対応しています．もちろん状態が異なれば期待値は異なってきます．

期待値は，次のように定義されます．

確率的に変動する変数 x の値（観測値）　x が特定の（観測）値 x_i になる確率

$$期待値\ \omega = \sum_i x_i P(x_i) \quad ⑪$$

期待値とは，x の値を同じ条件で繰り返し測定したら，測定値の平均値がその値になると期待される値です．ここでいう「ある観測値が得られる」ということは1つの命題です．ですから，期待値がわかるためには，「ある状態において，物理量 X の測定値がある特定の値になる」という命題 A に対して，0から1の間の確率の値が決まっていればよいわけです．

確率表現

それでは，いよいよ量子力学では確率をどう表現するか，説明していこう．少し難しいので図解風にしてみるぞ．

任意の物理量に対して，測定値の期待値が特定できたら，それは状態を規定しているといってよい．

任意の物理量 X の期待値 $\omega(X)$ がわかればよい．

ということでした．それならば

「特定の物理量が特定の測定値をとるという命題」が真か偽かというのも物理量である．その期待値も規定されていることになる．それはすなわち，特定の測定値であるか否かの確率である．

といえます．量子力学では，命題 A はヒルベルト空間の部分空間（原点を通る直線や平面のような集合）H_A で表現されます．ということは，期待値がわかるためには，H_A に対して 0 から 1 の間の確率の値が与えられればよいのです．このことをふまえた上で，

ある測定値であるという命題 A →命題 A が真である確率 P，$0 \leq P \leq 1$

ヒルベルト空間の部分空間 H_A →命題 A が真である確率 P，$0 \leq P \leq 1$

という対応で，ヒルベルト空間の部分空間に対して，$0 \leq P \leq 1$ なる数値を，状態に応じて与える方法が存在すればよいのです．

関数解析学によれば，ヒルベルト空間の部分空間 H_A に対して，負でない値を対応させる関数 μ が存在して，

$$\mu(H_A) = \mathrm{tr}(\hat{\rho}\hat{P}_{H_A}) \quad ⑫$$

という形で表現されることがわかっています．式⑫の右辺の tr という記号は「トレース」という演算で，ここでは詳しい説明を割愛せざるをえませんが，作用素に対して数値を対応させます．大切なことは，

> 関数 μ は負でない値をとる実数値である．
>
> 
>
> それは $[0,1]$ の区間に値をとるように調整できるので，μ の値は確率であると解釈できる．

ということです．その確率は測定する命題 A を表す $\hat{P}_{H_A}$ と $\hat{\rho}$ の 2 つから決まっていることに注意してください．

$\hat{P}_{H_A}$ は部分空間 H_A への**射影作用素**です（図 3-14）．射影作用素 $\hat{P}_{H_A}$ は，$\hat{P}^2 = \hat{I}$（$\hat{I}$ は何もしないという**恒等作用素**）という性質をもち，どのようなベクトル $|\Psi\rangle$ に対しても $\hat{P}_{H_A}|\Psi\rangle$ が H_A に含まれるようにその成分をとり出すものです →p.72．これが命題 A を表しています．たとえば，「ある区間に粒子が発見される」というような命題を思い浮かべてください．

したがって，右辺の 2 つのうち残る $\hat{\rho}$ という作用素にこそ，物理的系の状態の情報が込められています．すなわち，いろいろな測定に対して期待値を与えることができるもととなっているのです．数学的には半正定符

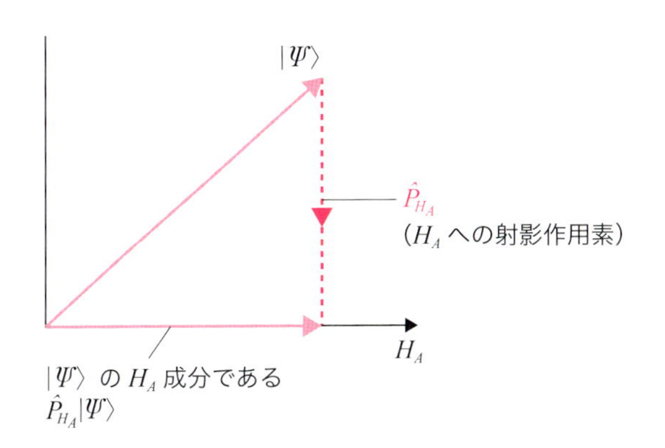

図 3-14　**部分空間 H_A への射影**

号自己共役作用素という性質をもった作用素です．

詳しいことは割愛せざるをえませんが，$\hat{\rho}$ と書かれた状態を表す作用素は，量子力学独特の「干渉する確率振幅」と，対象系についてのわれわれの情報不足から来る普通の確率をあわせもった対象の状態（**混合状態**）を記述するためのものなのです．このような場合は，量子統計力学といいます．もし無知による情報不足がない場合，すなわち物理的に可能な限り最大限の情報をもっている場合（**純粋状態**）が，われわれが学ぼうとしている量子力学に対応しています．

規格化

純粋状態はヒルベルト空間のベクトル $|\Psi\rangle$ で表されます．その場合，本書では割愛せざるをえませんが，式⑫の「トレース」という演算を実行すると，

$$\mu(H_A) = \mathrm{tr}(\hat{\rho}\hat{P}_{H_A}) = \langle \Psi, \hat{P}_{H_A}\Psi \rangle$$

となります．これは「ボルンの確率解釈」→p.52 と等価です．ただし，式⑫の定理では $0 \leq \mu < \infty$ でしたが，μ のとりうる範囲を $0 \leq \mu \leq 1$ に限ることで確率であると解釈できることになります．そのためには，確率の積分が 1 となる，つまり，$|\Psi\rangle$ はノルムが 1 のベクトルに限らなければなりません．

ボルンの確率解釈によると，物理量を測定してその値が A となる確率は，状態ベクトル $|\Psi\rangle$ の $|A\rangle$ 成分の係数，すなわち $c_A = \langle A, \Psi\rangle$ の絶対値の 2 乗なので

$$P(A) = |c_A|^2 = |\langle A, \Psi\rangle|^2 = \langle \Psi, A\rangle\langle A, \Psi\rangle$$

だが，この右辺のまん中の部分は，$|A\rangle\langle A| = \hat{P}_{H_A}$ なので，$\langle \Psi, \hat{P}_{H_A}\Psi\rangle$ となるぞ．

$$\| \, |\Psi\rangle \, \| = 1$$

この条件は**規格化**といわれます．ここで，

$$\mu(H_A) = \langle \Psi, \hat{P}_{H_A} \Psi \rangle \quad と \quad \| |\Psi\rangle \| = 1$$

を用いると，物理量を表す自己共役作用素 $\hat{A}$ に対して，

$$\omega(\Psi, A) = \langle \Psi, \hat{A} \Psi \rangle$$

という量子力学の教科書の初めにある式が得られます．自己共役作用素についてはこの後説明します．

この節の結論をひと言でいうと，ミクロな系の状態はミクロ世界の論理にしたがえば，その論理の表現であるヒルベルト空間のノルムが１のベクトルで表されなければならないということかな．

3.8

物理量と自己共役作用素の関係

ここまでの節で，ミクロの世界では，物理的な系に対する測定値の予言は，一般には確率的な予言であり期待値として与えられることがわかったかな．

はい，物理系の状態はヒルベルト空間のベクトルで表されました．

おーそうじゃ．それでは，物理量（オブザーバル）は，ヒルベルト空間という舞台の上で，どのような役者によって演じられるのかな．

位置の測定と射影作用素

ここでは，簡単にするために，１次元空間での電子の運動を扱っている

とします．その系の状態を探るためにわれわれができることは，電子の位置の測定と，運動量の測定です．量子力学の本質は，位置と運動量の測定が両立しないということにあるのですが，今は位置の測定だけを考えることにします．

その測定の結果，電子の位置がある特定の x_0 であるという状態は，ヒルベルト空間のベクトル $|x_0\rangle$ で表されます．このベクトルを含むヒルベルト空間の部分空間への**射影作用素**は，$\hat{P}_{x_0} = |x_0\rangle\langle x_0|$ です →p.72.

3.2 節で述べたように，$\langle x_0|$ という記号（ブラ・ベクトル）は，その右に何かベクトルが来たとき，それとの内積をとるという意味のものです．たとえば，右に $|\Psi\rangle$ が来ると，$\langle x_0, \Psi\rangle$ という数値が得られます．すなわち，$|\Psi\rangle$ に対して $\langle x_0, \Psi\rangle$ という数値を対応させる関数なのです．

もともとの $|x_0\rangle$ はケット・ベクトルといいましたね．$|x_0\rangle$ で表される状態に対し，その直後にもう一度同じ測定，すなわち位置の測定をすると位置の値として x_0 が得られ，状態は $|x_0\rangle$ のままです（図 3-15）．このようになることをフォン・ノイマンは**射影仮説**と命名したのです．

期待値と自己共役作用素

さて，ここで，物理量を表す自己共役作用素というものの形を探るため，発見法的に 3.6 節で出てきた「単位の分解」を少し変形した，

$$\hat{A} = \sum_i x_i \hat{P}_{x_i} = \sum_i x_i |x_i\rangle\langle x_i| \qquad ⑬$$

という作用素を考えてみましょう．ただし，$\{|x_i\rangle\}$ は CONS であるとします．互いに直交するとしている理由は，もし直交していないとすると，x_1 に発見されるという状態であるのに，他の x_2（$\neq x_1$）という場所でも発

さんぽ道　位置は決まらない

正確にいえば，位置が厳密に決まった状態というのは物理的にはありません．また測定後に測定値と違う状態になってしまうような事態も考えることもできます．

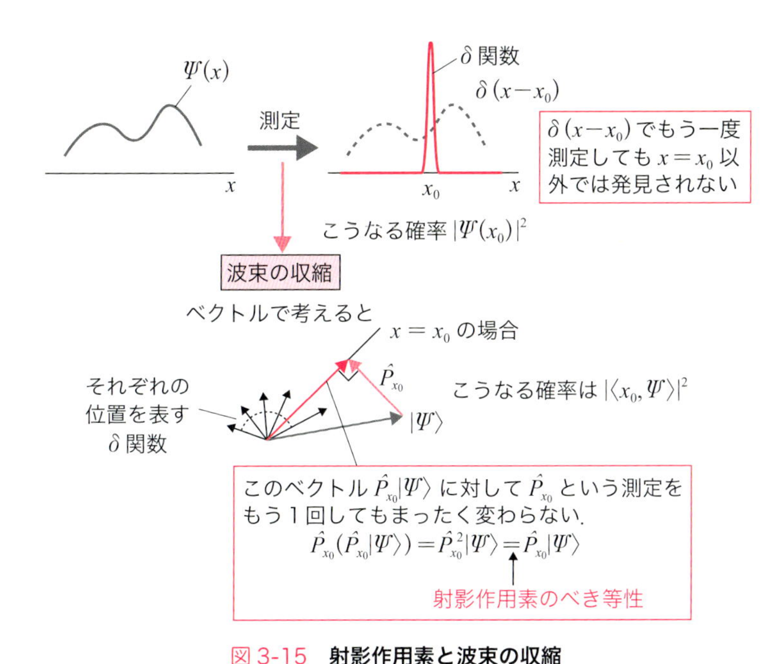

図 3-15　**射影作用素と波束の収縮**

見される可能性があるということになってしまうからです．位置の測定をイメージしていますが，位置は連続変数ですから，そのことを気にするなら，

$$\int x\hat{P}_x\,\mathrm{d}x$$

のように，和の記号ではなくて積分記号で書けばよいでしょう．

この式⑬の作用素を $\langle\Psi|$ と $|\Psi\rangle$ で挟んでやりましょう．実は，これが実際に確率論でいう期待値をとるのと同じことになっています．数学的にいうと，作用素を $|\Psi\rangle$ に作用させた結果のベクトルと，$\langle\Psi|$ との内積をとるということです．量子力学では「**期待値をとる**」といって $\langle\hat{A}\rangle$ とも書きます．計算を見てください．

$$\langle \Psi, \hat{A}\Psi \rangle = \langle \Psi, \overbrace{\sum_i x_i |x_i\rangle\langle x_i|}^{\hat{A}} \Psi \rangle$$

$$= \sum_i x_i \langle \Psi, x_i \rangle \langle x_i, \Psi \rangle$$

$$= \sum_i x_i \langle x_i, \Psi \rangle^* \langle x_i, \Psi \rangle$$

$$= \sum_i x_i \underbrace{|\langle x_i, \Psi \rangle|^2}_{\text{ボルンの確率解釈によって確率を表す}}$$

というように変形されます．この式の $|\langle x_i, \Psi \rangle|^2$ は「ボルンの確率解釈」による確率になっていますので →p.52，

$$\langle \Psi, \hat{A}\Psi \rangle = \sum_i x_i \Pr(x_i)$$

期待値

となります．右辺は文字通り x の期待値を表しています．この式を見れば，ここで考えた 作用素 $\hat{A}$ は，位置の測定結果を表す作用素であることがわかるでしょう．

つまり，$\hat{A}$ は $\langle \Psi, \hat{A}\Psi \rangle$ という量を計算すると，状態 $|\Psi\rangle$ のもとで位置という物理量 A の測定を繰り返したときの平均値を表している A の期待値になっているわけじゃ．

ところで，

$$\hat{A} = \sum x\,|x\rangle\langle x|$$

という作用素は，どのようなベクトル $|\Phi\rangle$ と $|\Psi\rangle$ に対しても，

$$\langle \Phi, \hat{A}\Psi \rangle = \langle \hat{A}\Phi, \Psi \rangle$$

となっています．$\hat{A}$ はケット・ベクトルに作用させてからそれをもとのベクトルのブラと内積をとっても，逆にブラ・ベクトルに作用させてから，そのブラに対応するケットとの内積をとっても同じになるということです．これは普通の数の世界でいうと，複素共役にしても同じ値だということに対応しますから，複素数ではなく実数であることになります．

$\hat{A} = \Sigma x|x\rangle\langle x|$ として $\langle \Phi, \hat{A}\Psi \rangle = \langle \hat{A}\Phi, \Psi \rangle$ を示してみるぞ．$\hat{A}$ は和の形だが，線形性より，1つの $|x\rangle\langle x|$ について上のことを示せば十分じゃ．
左辺 $=$ $\langle \Phi|$ と $|x\rangle\langle x, \Psi\rangle$ の内積，
すなわち $\langle \Phi, x\rangle\langle x, \Psi\rangle$
右辺 $= \hat{A}|\phi\rangle = |x\rangle\langle x, \Phi\rangle$ をブラにしたもの $\langle x, \Phi\rangle^*\langle x|$ と $|\Psi\rangle$ の内積だから
$\langle x, \Phi\rangle^*\langle x, \Psi\rangle = \langle \Phi, x\rangle\langle x, \Psi\rangle$
これで左辺＝右辺となるのじゃ．

このA$\hat{A}$ のような作用素を，**自己共役作用素**といいます．実は，自己共役作用素は，$\Sigma x|x\rangle\langle x|$ という形に書けるということが，スペクトル分解定理よりわかっています．自己共役作用素は，その期待値は必ず実数になります．物理量の測定値は実数ですから，自己共役作用素が物理量に対応すると考えられます．

$z = x + iy$ の複素共役は $z^* = x - iy$ じゃ．$z = z^*$ だとすると $y = 0$ ということだから $z = x$ と実数になるぞ．

逆にいうと，すべての観測可能な物理量には，対応する自己共役作用素が存在するということが，量子力学では要請されます．つまり，現実世界に対応するのが自己共役作用素なのです．

3.9 固有状態と固有値，固有ベクトルの直交性

量子力学では固有値問題というものが，重要になるって聞いたことがあるんですけど.

ある物理量の特定の測定値に対応するベクトルは，その特定の測定値（固有値）に対応する固有ベクトルである．測定値が異なると，固有ベクトルは直交するわけじゃ.

えーっと，教えてください！

固有ベクトルと固有値

さて，3.8 節の議論で位置 x という物理量を表している作用素だと論理的に推論された，

$$\hat{A} = \sum_i x_i |x_i\rangle\langle x_i|$$

を，位置 x_0 に電子がいる状態のケット・ベクトル $|x_0\rangle$ に作用させてみましょう．$\langle x_i, x_j\rangle = \delta_{ij}$ のように $\{|x_i\rangle\}$ は CONS であるとしていますから，

さんぽ道　ミクロ世界の測定結果と測定過程

ミクロの世界の量子力学では，古典力学と異なって，どの物理量をどう測定するのかということで結果が違ってきます．測定値が取得される文脈，状況によって結果が違うのです．したがって，本文では「位置の測定結果」と書きましたが，どのような測定状況なのかの記述は不要なのかという心配が出てくるかもしれません．しかし，実際の物理的な測定装置の特性までは考えずとも，測定直前までの対象系の変化などは，測定対象についての命題だけで論ずることができるというまい構成になっているのです．測定過程が問題になるのは，実際に測定値を取得するために射影仮説を適用するという最終段階の哲学的分析などをするときだけなのです.

$$\hat{A}\,|x_0\rangle = \Bigl(\sum_i x_i|x_i\rangle\langle x_i|\Bigr)|x_0\rangle = \sum_i x_i|x_i\rangle\langle x_i||x_0\rangle$$
$$= \sum_i x_i|x_i\rangle\langle x_i, x_0\rangle = \sum_i x_i|x_i\rangle\delta_{i0}$$
$$= \sum_i x_i\delta_{i0}|x_i\rangle = x_0|x_0\rangle$$

となります．δ_{i0} は $i = 0$ のときのみ残り，ほかはすべてゼロです．つまり，

$$\hat{A}\,|x_0\rangle = x_0|x_0\rangle$$

というように，位置を表す作用素 $\hat{A}$ の作用は，単に x_0 という数値を掛けることと同じになっています．ただしそれは，$|x_0\rangle$ という特別なベクトルに作用させているからです．このようなベクトルが，その作用素の**固有ベクトル**であり，そのときの掛かる数値が**固有値**なのです →p.18.

ここでは位置の測定を考えていますから x_0 は 1 次元空間のどこでもよく，固有ベクトルも，それに対応する固有値も無限にあります．

固有ベクトルでないベクトル

固有ベクトルと固有値は，線形代数の場合とまったく同じように考えられます．作用素の作用が単なる掛け算になってしまうような，すなわちベクトルの方向を変えないような方向に向いたベクトルのことを固有ベクトルといい，そのときの変換倍率が固有値というわけなのです．これは，作用素を単純な因子に分解しているのだといえるでしょう．

われわれは線形作用素を問題にしているわけですから，固有ベクトルでないベクトルに作用させた場合には，たとえば，

$$|\Psi\rangle = a|x_1\rangle + b|x_2\rangle$$

に対して位置 x という物理量を表す作用素を作用させると，線形性より

$$\sum_i x_i|x_i\rangle\langle x_i||\Psi\rangle = ax_1|x_1\rangle + bx_2|x_2\rangle$$

となります．この右辺はもとの $|\Psi\rangle$ とは方向が違っていますね．固有ベクトルは，ある作用素とセットになっているものです．したがって，別の作用素を作用させたら，方向が変わってしまうわけです．

自己共役作用素と固有ベクトルの直交

量子力学では，物理量は線形作用素で表されるのですが，3.8 節で述べたように**自己共役作用素**（**エルミート作用素**とよばれる場合もあります）というものでなくてはなりません．自己共役作用素 $\hat{A}$ の定義は，任意の $|\phi\rangle$ と $|\Psi\rangle$ に対して，

$$\langle \hat{A}\Phi, \Psi\rangle = \langle \Phi, \hat{A}\Psi\rangle$$

となることでした →p.83．これは複素数ではなく実数であるということに対応しましたね．3.8 節で説明したように実際，自己共役作用素の固有値は実数になります．観測される物理量の測定値は実数でなくてはなりませんから，当然の要請といえるでしょう．

自己共役作用素の性質で特に大切なのは，その相異なる固有値に対応する固有ベクトルは直交するということです．この事実が，「単位の分解」を自己共役作用素の固有ベクトルで作るときに役立つわけです．特に射影作用素は，自己共役作用素の一例になっています．

最後に，自己共役作用素を CONS から作るのではなく，自己共役という性質から固有ベクトルが直交し CONS になるということを示しておきましょう．

➡さんぽ道　**縮退**

一般には固有ベクトルが異なれば固有値も異なるのですが，偶然同じ固有値をもつ異なった固有ベクトルが存在するという場合もあります．そういう場合は「**縮退**している」といいます．固有ベクトルと固有値の数は，いつでも無限個というわけではありません．たとえば，Step10 で出てくる，スピンという物理量は，電子の場合だと固有値が 2 つしかありません．

$\hat{A}$ を自己共役作用素，すなわち，

$$\langle \Phi, \hat{A}\Psi \rangle = \langle \hat{A}\Phi, \Psi \rangle$$

を満たす作用素であるとしましょう．$\hat{A}$ の固有値方程式は，その 2 つの相異なる固有値 a_1，a_2 に対して，

$$\hat{A}|\Psi_1\rangle = a_1|\Psi_1\rangle \quad , \quad \hat{A}|\Psi_2\rangle = a_2|\Psi_2\rangle$$

です．左の式の共役と $|\Psi_2\rangle$ の内積をとると，

$$\langle \hat{A}\Psi_1, \Psi_2 \rangle = a_1\langle \Psi_1, \Psi_2 \rangle \tag{14}$$

で，右の式と $\langle \Psi_1|$ の内積は，

$$\langle \Psi_1, \hat{A}\Psi_2 \rangle = a_2\langle \Psi_1, \Psi_2 \rangle \tag{15}$$

です．自己共役性より，式⑭は，

$$\langle \Psi_1, \hat{A}\Psi_2 \rangle = a_1\langle \Psi_1, \Psi_2 \rangle \tag{16}$$

さんぽ道　$\partial^2/\partial x^2$ は自己共役である

具体的な例として，ハミルトニアン $\hat{H}$ に含まれている $\dfrac{\partial^2}{\partial x^2}$ という作用素が自己共役であることを示しておきましょう．それには，巻末の付録公式集にある「部分積分」を用います．示すべきことは，

$$\langle \Phi, \frac{\partial^2}{\partial x^2}\Psi \rangle = \langle \frac{\partial^2}{\partial x^2}\Phi, \Psi \rangle$$

です．波動関数で表示して，右辺は，次のようになります．

$$\int \frac{\partial^2 \Phi^*}{\partial x^2}\Psi \mathrm{d}x = \left[\frac{\partial \Phi^*}{\partial x}\Psi\right]_{x=-\infty}^{x=+\infty} - \int \frac{\partial \Phi^*}{\partial x}\frac{\partial \Psi}{\partial x}\mathrm{d}x$$

右辺第 1 項は，Φ，Ψ，$\dfrac{\partial \Phi}{\partial x}$ が $x = \pm\infty$ でゼロという境界条件よりゼロです．一方，右辺第 2 項はもう 1 回部分積分することにより，

$$-\int \frac{\partial \Phi^*}{\partial x}\frac{\partial \Psi}{\partial x}\mathrm{d}x = -\left[\Phi^*\frac{\partial \Psi^*}{\partial x}\right]_{x=-\infty}^{x=+\infty} + \int \Phi^*\frac{\partial^2 \Psi}{\partial x^2}\mathrm{d}x = \int \Phi^*\frac{\partial^2 \Psi}{\partial x^2}\mathrm{d}x$$

となって，これは示すべき式の左辺です．ここで重要なことは，この計算の中で，波動関数の境界条件が使われていることです．つまり，自己共役性が成り立つかどうかは，境界条件に依存しているのです．

ですから，式⑮⑯の辺々を差し引くと，

$$0 = (a_1 - a_2)\langle \Psi_1, \Psi_2 \rangle$$

仮定より $a_1 - a_2 \neq 0$ ですので，次のようになります．

$$\langle \Psi_1, \Psi_2 \rangle = 0$$

つまり，自己共役作用素の異なる固有値に属する固有ベクトルは直交します．数学と違って物理学の計算では，物理量に対応する作用素は自己共役という性質をもち，また固有関数ですべての状態を記述できること（完全性）も，前提とすることが多いです．

これで舞台はできたぞ．次は，いよいよその舞台の上に，シュレーディンガー方程式という役者を乗せていこう．

Step 3 で学んだこと

1. 量子力学はヒルベルト空間の力学と現実世界の記述の2重構造で，その間をつなぐのはボルンの確率解釈だということを知った．
2. ミクロ世界の命題に対する論理は，不確定性関係のため，分配律が破れた量子論理である．それはヒルベルト空間の部分空間の包含関係で表現され，命題は射影作用素で表されることを知った．
3. 物理系の状態は，ヒルベルト空間の規格化されたベクトルで表され，物理量は自己共役作用素 $\hat{A}$ で表されることを学んだ．
4. 物理量状態 $|\Psi\rangle$ での期待値は，$\langle \Psi, \hat{A}\Psi \rangle$ と表され，これは，$\hat{A}$ の測定値が a になる確率が $|\langle a, \Psi \rangle|^2$ というボルンの確率解釈と同じだとわかった．

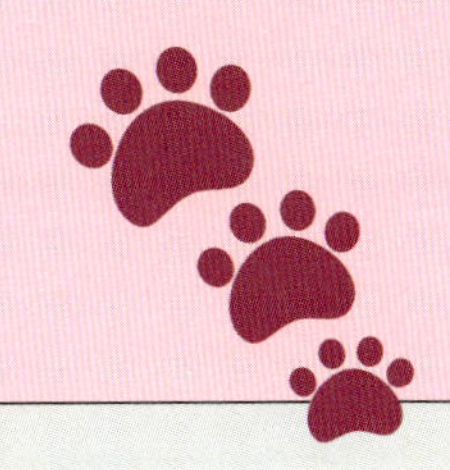

Step 4

4

シュレーディンガー方程式の形を作ってみよう

Step3 まででシュレーディンガー方程式を作るための数学的な準備はできたぞ.

じゃあ，いよいよですね.

うむ．まずはこれまで学んだ数学的な考え方を使ったシナリオにもとづいて，シュレーディンガー方程式の形を作り上げていくのじゃ.

意味を考えるのはその後のお楽しみということですね.

4.1 状態の時間発展を記述する式

おさらい——ある時点での測定値

Step3 の最初に，量子力学がどのようなものから組み立てられているのかを示したな →p.44．同じものをもう一度見せておくぞ．

1. 量子系の状態は，**複素ヒルベルト空間**の**規格化**されたベクトル $|\Psi\rangle$ で表される．状態について**重ね合わせの原理**が成立する．
2. 物理量は，複素ヒルベルト空間の線形な**自己共役作用素** $\hat{A}$ で表される．
3. ある物理量 $\hat{A}$ の，状態 $|\Psi\rangle$ における測定結果は，その**期待値**が $\langle\Psi,\hat{A}\Psi\rangle$ という内積で与えられる．

でも，これがシュレーディンガー方程式にどうやって組み込まれているかは説明がなかったですよね．

いよいよそれを説明していくわけじゃ．

上の 3 は，**ボルンの確率解釈**と等価です．ボルンの確率解釈とは，物理量 $\hat{A}=\sum_i x_i|x_i\rangle\langle x_i|$ を状態 $|\Psi\rangle$ において測定すると，$\hat{A}$ の固有値 x_i が得られ

➡さんぽ道　**量子力学の規定条件**

量子力学では上の 1 ～ 3 のほかに，複合系についての規定などが必要であり，それは量子力学にとって基本的に重大なのですが，本書では割愛します．

る確率は,

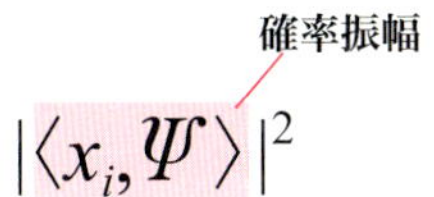

$$|\langle x_i, \Psi \rangle|^2$$

で与えられる，というものでした．絶対値記号の中の内積は**確率振幅**とよばれ，$|\Psi\rangle$ の $|x_i\rangle$ 方向成分です．

以上，おさらいじゃ．これはある時点での測定値についての話であることはわかるな．

はい．では，時間とともに変化する場合も考えられるのですか？

ここで真打ち登場！　それを記述するのが，**シュレーディンガー方程式**なのじゃ．これからステップを踏んで式を作り上げていくぞ．

時間に依存した状態ベクトル

状態が時間ともなって変化するということは，その状態を表す状態ベクトルが時間に依存するということなのじゃ．

それってどんなベクトルなのでしょうか？

時間が経過していっても，どれかの固有値が得られる総確率は 1 に保たれなくてはなりませんから，状態ベクトルのノルムは 1 に規格化され続けていなければなりません．その変化は数学の言葉では**ユニタリ変換**というものになり，その変換は**ユニタリ作用素**で表されます．

どの時点で測定しても粒子がどこかにいるという総確率は常に 1 になっていなくてはならないんだったな．

物理学では「**確率の保存**」といわれます．

関数解析学のストーンの定理によれば，**時間に依存した状態ベクトル** $|\Psi_t\rangle$ は，次のような形に書けることがわかっています．

時間に依存した状態ベクトル　ユニタリ作用素　時刻 $t=0$ での状態ベクトル

$$|\Psi_t\rangle = e^{-i\frac{t\hat{H}}{\hbar}}|\Psi_0\rangle \quad ①$$

絶対値が1の複素数は e^{ix} という形です．数値 x が作用素 $-\frac{t\hat{H}}{\hbar}$ に置き換わると，$e^{-i\frac{t\hat{H}}{\hbar}}$ となりますので，$e^{-i\frac{t\hat{H}}{\hbar}}$ という形は，絶対値が1の複素数に対応しそうです．それを掛けても複素数の絶対値は変化しません．

引数が純虚数である指数関数 e^{ix} は絶対値が1となることを図2-3を見て確かめておこう →p.34.

ハミルトニアン

$\hat{H}$ は**ハミルトニアン作用素**（**ハミルトニアン**）とよばれる自己共役作用素で，数の場合だと実数に対応しています →p.83．**時間推進（時間発展）の生成作用素**ともよばれます．ハミルトニアンは考察の対象とする物理系

➡さんぽ道　**ユニタリ行列とユニタリ作用素**

時間は1つの連続パラメーターですので，**ユニタリ変換**は，1つのパラメーターを含んだ**ユニタリ作用素**で表されます．ユニタリ作用素とは，ベクトルのノルムを変化させない作用素です．それによって，総確率が1であり続けることが保証されます．ユニタリ変換は，線形代数では**ユニタリ行列**による変換に対応します．ユニタリ行列とは，実数の範囲に限れば，たとえば次のような直交行列です．

$$R(\theta) = \begin{pmatrix} \cos\theta & -\sin\theta \\ \sin\theta & \cos\theta \end{pmatrix}$$

これは2次元平面で原点まわり角度 θ だけの回転を表しています．回転するだけですからベクトルの長さは変化しません．

のエネルギーを表すと考えられます．

したがって，$\hat{H}$は実数に対応していることになります．すると，式①では指数関数の肩の部分が，$-i\dfrac{t\hat{H}}{\hbar}$となっていますから，肩の全体は虚数に対応することになり，先ほどと同じように，指数関数全体としては絶対値が 1 の複素数に対応しそうだというわけです．

この形式を見ると，ハミルトニアン作用素$\hat{H}$に，系の運動の特性がすべて込められていなければなりません．

$\hat{H}$は時間によって変化せず，変数ではない．変数t，虚数単位i，定数$\hbar$以外の具体的物理系に依存できるものは$\hat{H}$しかないのじゃ．

ディラック定数がある理由

それでは，恣意的に見える分母のディラック定数$\hbar$（プランク定数hを2πで割ったもの）はどこから忍び込んだものなのでしょうか．

指数関数の肩（指数関数の引数）は物理では無次元でなくてはなりません．tは時間の次元をもち，$\hat{H}$はエネルギーの次元をもちます．したがって分子は「エネルギー」×「時間」＝「作用」の次元です．そうすると，それを打ち消すために，分母に「作用」の次元をもつ量をもってこなくてはなりません（図 4-1）．それが **作用量子** ともよばれる$\hbar$なのです．作用の量を測定する単位といえます．しかし，まだこの段階では，実際のディラック定数ではなく，何かある作用を計測する単位量というだけにとどまり，その値は後で決定されることになります．

ここでいう無次元とは空間が 3 次元であるとか，ヒルベルト空間は無限次元であるとかいうときの次元ではないぞ．「長さ」，「質量」，「時間」から組み立てられる，物理量の次元じゃ．

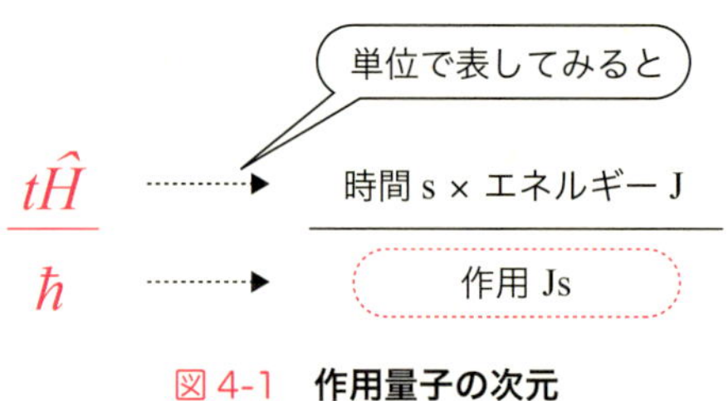

図 4-1　**作用量子の次元**

ヒルベルト空間でのシュレーディンガー方程式

式①の両辺を時間で微分すると，微分方程式ができるんじゃ．だんだんシュレーディンガー方程式に近づいていくぞ．わかるかな．

えーっと，$\frac{\mathrm{d}}{\mathrm{d}t}\mathrm{e}^{at} = a\mathrm{e}^{at}$ の微分公式を使っていますね →p.269．

$$\frac{\mathrm{d}}{\mathrm{d}t}|\Psi_t\rangle = -i\frac{\hat{H}}{\hbar}\mathrm{e}^{-i\frac{t\hat{H}}{\hbar}}|\Psi_0\rangle = -i\frac{\hat{H}}{\hbar}|\Psi_t\rangle$$

これを変形すると，

$$i\hbar\frac{\mathrm{d}}{\mathrm{d}t}|\Psi_t\rangle = \hat{H}|\Psi_t\rangle \qquad ②$$

となります．これが**ヒルベルト空間でのシュレーディンガー方程式**です．Step1 で紹介した形になりました →p.9．これは時間について 1 階の微分方程式になります．そして元となっている $\mathrm{e}^{-i\frac{t\hat{H}}{\hbar}}$ がユニタリ変換なので，自動的に確率の保存を意味しています．

しかしこれだけでは，具体的なことは何もわかりません．ハミルトニアン作用素 $\hat{H}$ の形は，考察する物理系に即して決定されるのです．その結果，ポテンシャル中の電子に対しては，位置 x を変数とした表示で，

$$\hat{H} = \frac{\hbar^2}{2m}\frac{\partial^2}{\partial x^2} + V(x)$$

という形が決まりますが，この具体的な形については 4.4 節 →p.102 で説明します．

4.2 量子力学における交換関係から

量子力学の基本は，不確定性関係であるということでここまで話を進めてきたがどうかな．

不確定性関係からもたらされることとして，ヒルベルト空間のベクトルで状態が表される，そして物理量がその上の自己共役作用素で表されることがわかりました．それから，状態と測定する物理量の組み合わせに対して，測定結果の確率を計算する期待値の話も！

えらいぞ．さらにこの Step4 では，時間発展を計算する方程式の，具体的物理系に即した形になる前の抽象的な形を学んだな．

次はいよいよその方程式，すなわちシュレーディンガー方程式の形を具体的に決定する番ですね！

交換関係と交換子

不確定性関係を基本とするミクロの物理系では，考察の対象にする物理量の間には，両立しないものがあることがわかっています．たとえば位置の測定と運動量の測定はそうでしたね．このような両立しない関係は，物理量に対応する自己共役作用素 →p.83 の間の関係として表現されることになります．それが，**交換関係**です．

両立しないということは，同時ではなく測定したときに，その測定する順番によって結果が違ってくるということじゃ．もし順番によらないとすると，それは可換といい表され，古典力学に帰着することになるぞ．

2つの自己共役作用素 $\hat{A}$, $\hat{B}$ を考えるとき，その交換関係とは

$$[\hat{A},\hat{B}] \equiv \hat{A}\hat{B} - \hat{B}\hat{A} \qquad ③$$

交換子　　自己共役作用素

で定義されます．

式③の右辺の意味は，**作用素を作用させる順番を変えてみてその違いがどれだけあるかということです**．すなわち次のようなことです．

$$\hat{A}(\hat{B}|\Psi\rangle) - \hat{B}(\hat{A}|\Psi\rangle)$$

左辺の記号 $[\hat{A},\hat{B}]$ は，**交換子**とよばれます．交換子は数とは限らず作用素になる場合もあります（Step10 で扱う角運動量 →p.230）．

交換子がゼロ，すなわち，

$$[\hat{A},\hat{B}] = 0$$

となる場合，つまり作用させる順番を変えても結果が同じ場合は，**可換**（**交**

➡さんぽ道　行列の積と非可換

線形代数学でも，行列の積は掛ける順番を変えると結果が違う場合がありましたが，非可換とは，それと同様なことです．

$$\begin{pmatrix}1 & 1\\0 & 0\end{pmatrix}\begin{pmatrix}1 & 2\\3 & 0\end{pmatrix} = \begin{pmatrix}4 & 2\\0 & 0\end{pmatrix} \quad , \quad \begin{pmatrix}1 & 2\\3 & 0\end{pmatrix}\begin{pmatrix}1 & 1\\0 & 0\end{pmatrix} = \begin{pmatrix}1 & 1\\3 & 3\end{pmatrix}$$

換可能）であるといいます．そうでない場合が**非可換**です．もし，あるモデルに現れるすべての観測可能な物理量がすべて交換可能であったら，そのモデルはすべての物理量が同時に確定値をもてるということになって，古典力学に帰着することになります．

交換可能な 2 つの自己共役作用素は，固有ベクトルを共有します．逆に，交換できない場合は，固有ベクトルの完全系が異なるということになります．

位置と運動量の交換子

さて，具体的な話に戻りましょう．1 個の電子の運動を論ずる場合，その電子に関する物理量は，ニュートン力学では時間をパラメーターとした電子の位置と運動量ですが，それは量子力学でも同じです．その交換関係は，

位置　運動量　虚数単位　ディラック定数

$$[\hat{x}, \hat{p}] = i\hbar \quad ④$$

と表されます．ディラック定数 $\hbar$ はプランク定数 h を 2π で割ったもので，

$$\hbar = 1.0545718 \times 10^{-34}\,\mathrm{J\,s}$$

です．交換子がこの値をもつということは，経験事実から導き出されています．歴史的にいうと，量子力学建設期の諸実験を整理していくなかで発見されてきたことを，交換子という形でまとめたのです．ただし，このStep4 でやろうとしていることは，その逆に，交換関係から方程式を導こ

さんぽ道　CONS が異なると

CONS（正規直交完全系）→p.74 が異なるということは，その測定対象になる物理系を分析する視座が異なるということです．異なる視座は両立しないのです．非可換で，測定する順番に依存するとか，同時測定が不可能などという状況は，「CONS が異なる」ということが表現しています．

うとすることです．

このような交換関係を満たすように，物理量に対応する自己共役作用素の具体的な形を決めてやって，古典力学から量子力学に移行することを，**正準量子化**といいます．

4.3 状態ベクトルを波動関数で表示する

具体的に正準量子化をするために，いよいよ波動関数について見ていくぞ．

波動関数といえば，Step1 で，$\Psi(x,t)$ という形で出てきたものですね．これって電子の状態を表したものでしたね．

うむ．波動関数が空間に分布した「何か」を表していて，実体であると考えた人もいた．しかし，それを 2 乗すると確率分布になるようなもの，すなわち確率振幅である，というのが現代の共通理解といってよいな．

でもこれまで，ミクロな世界での対象の状態はヒルベルト空間のベクトル $|\Psi\rangle$ で表されることを学んできましたよ．

その具体的表現が波動関数なのだよ．これからベクトルと波動関数を結びつけていく作業をしていくから楽しみにしてくれ．

位置表示の波動関数

まずは位置の測定という文脈での表現をしましょう．位置 x_0 で電子が発見されるということは，ブラ・ベクトル $\langle\delta(x-x_0)|$ で表されます．

$\delta(x-x_0)$ は位置 x_0 に集中した δ 関数です．$x=x_0$ のときのみ δ（0）となり，その値はゼロでなくなります →p.45．この記号 $\langle\delta(x-x_0)|$ は，$\langle x_0|$ と略記されます．

電子が x_0 にいるという状態，すなわちケットとしては δ 関数は採用できない．δ 関数という状態は物理的には実現できないからじゃ．しかし，そのような究極の状態，すなわち x_0 を少しでも外れると電子がいる可能性がゼロという状態を頭の中で考えることはできる．そして「そのような状態ですか」という問いかけがブラ・ベクトルで表されるわけだ．

そうすると位置 x_0 で発見されるという**確率振幅**（その絶対値を 2 乗すると確率になる量）は，$\langle x_0, \Psi\rangle$ という内積の値を x_0 という位置を変数にして表現したいという感覚を込めれば，$\Psi(x_0)$ という波動関数として，次のように書けることになります（ただし t は省略しました）．

$\langle x_0, \Psi\rangle$ の内積をもう 1 度図示しておくぞ．

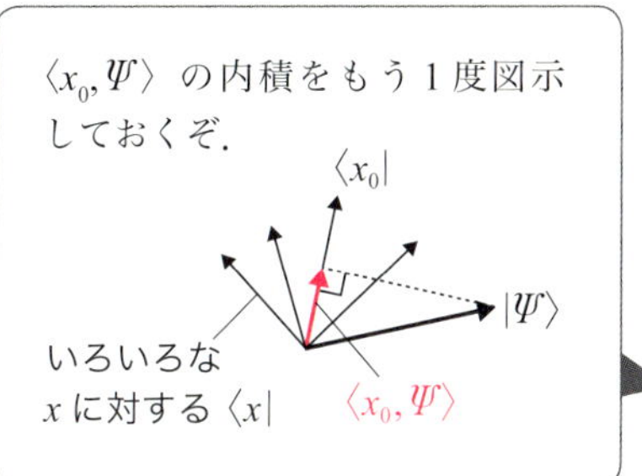

$$\langle x_0, \Psi\rangle = \Psi(x_0) \quad ⑤$$

この $\Psi(x)$ を**位置表示の波動関数**といいます．

運動量表示の波動関数

これと同様に，運動量の測定をすると，その結果ある運動量 p_0 が測定されたとき，その電子の運動量は p_0 です（測定方法によって測定後の運動量が変わってしまう場合もありますが，いまは測定後も同じ運動量である場合を考えます）．

前項と同じベクトル $|\Psi\rangle$ で表される状態の電子に対して，運動量の測定をしたときの測定結果の数値の分布を知りたいときには，$\delta(p-p_0)$ を，運動量が p_0（または $\hbar k_0$）という値に集中した δ 関数であるとすることができ，次のように書けます．

$$\langle p_0, \Psi\rangle = \Psi(p_0) \quad ⑥$$

こちらは**運動量表示の波動関数**といいます．

4.4 自由電子のハミルトニアンを求める

それではこれからの議論の出発点になる自由電子のハミルトニアンを決定していくぞ．自由電子とは，ポテンシャルエネルギーのない一様な空間を運動する電子じゃ．

自由電子のハミルトニアンというと……

つまり，最も単純なモデルとして電子１個が何もない空間にいる場合で考えていこうという作戦じゃ．

➡さんぽ道　**フーリエ変換で結びつく**

実は，位置表示の波動関数と運動量表示の波動関数は，下に示すように，フーリエ変換 →p.271 というものでお互いに結びついています．その説明は後ほどします．

$$\frac{1}{\sqrt{2\pi\hbar}}\int_{-\infty}^{\infty}\Psi(x)\mathrm{e}^{ipx/\hbar}\mathrm{d}x = \Psi(p)$$

$$\frac{1}{\sqrt{2\pi\hbar}}\int_{-\infty}^{\infty}\Psi(p)\mathrm{e}^{-ipx/\hbar}\mathrm{d}p = \Psi(x)$$

自由電子の波動関数表示

まずは，**自由電子**における交換関係，$[\hat{x},\hat{p}] = i\hbar$ を満たす作用素の，先ほど出てきた $\langle x_0, \Psi \rangle = \Psi(x_0)$ という位置表示での形を決めましょう．天下り的ですが，

$$\hat{x}\Psi(x) = x\Psi(x) \quad ⑦$$

$$\hat{p}\Psi(x) = -i\hbar\frac{\partial}{\partial x}\Psi(x) \quad ⑧$$

としてみることにします．こうするとうまくいくのです（理由は Step5 で考えます →p.116）．

具体的にやってみましょう．

$$(\hat{x}\hat{p})\Psi(x) = \hat{x}\{\hat{p}\Psi(x)\} = x\cdot\left\{-i\hbar\frac{\partial}{\partial x}\Psi(x)\right\} = -i\hbar x\frac{\partial}{\partial x}\Psi(x) \quad ⑨$$

$$(\hat{p}\hat{x})\Psi(x) = \hat{p}\{\hat{x}\Psi(x)\} = -i\hbar\frac{\partial}{\partial x}\{x\Psi(x)\} = -i\hbar\left\{\frac{\partial x}{\partial x}\cdot\Psi(x) + x\cdot\frac{\partial\Psi(x)}{\partial x}\right\}$$

$$= -i\hbar\left\{\Psi(x) + x\frac{\partial}{\partial x}\Psi(x)\right\} = -i\hbar\Psi(x) - i\hbar x\frac{\partial}{\partial x}\Psi(x) \quad ⑩$$

となります．上の式⑨と式⑩を辺々差し引くと，確かに，

$$[\hat{x},\hat{p}]\Psi(x) = \hat{x}\{\hat{p}\Psi(x)\} - \hat{p}[\hat{x}\{\Psi(x)\}] = i\hbar\Psi(x)$$

ということになって，交換関係 $[\hat{x},\hat{p}] = i\hbar$ を満たしています．

⑩の計算過程にある x と $\Psi(x)$ の積に対する微分では次の公式を使っているね．

$$\frac{\partial}{\partial x}\{f(x)\cdot g(x)\} = \frac{\partial f}{\partial x}\cdot g + f\frac{\partial g}{\partial x}$$

この表現は，波動関数を位置表示しているので，このようになりましたが，もし波動関数を運動量表示していたら，下の式のように運動量 $\hat{p}$ のほうが p

の掛け算，位置$\hat{x}$が運動量での微分作用素になっていたわけです．

$$\hat{x}\Psi(p) = i\hbar\frac{\partial}{\partial p}\Psi(p)$$

$$\hat{p}\Psi(p) = p\Psi(p)$$

自由電子のハミルトニアン作用素

それでは，位置表示においての$\hat{x}$と$\hat{p}$の表現を用いて，ハミルトニアン作用素の形を決めてみましょう．自由電子は，ポテンシャルエネルギーの存在しない自由空間を運動すると考え，運動エネルギーだけとり入れればよいのです．古典物理学では運動エネルギーは，

$$E = \frac{p^2}{2m}$$

で表されます．ただし，mは電子の質量です．

ハミルトニアン作用素は量子力学での運動エネルギーを表すので，古典力学の運動エネルギーを量子力学に変換すればよいわけです．よって，この式のpを，

$$\hat{p} = -i\hbar\frac{\partial}{\partial x}$$

という作用素に置き換えれば，

$$\hat{H} = \frac{(-i\hbar)^2}{2m}\frac{\partial^2}{\partial x^2} = -\frac{\hbar^2}{2m}\frac{\partial^2}{\partial x^2}$$

となります．ポテンシャルエネルギーが存在する空間を運動する電子のシュレーディンガー方程式は，

$$E = \frac{p^2}{2m} + V(x)$$

という古典力学でのエネルギーに対応するものになりますから，ポテンシャルエネルギーの項 $V(x)$ も付け加える必要があります．自由電子のときと同様に，

$$\hat{H} = \frac{\hat{p}^2}{2m} + V(x)$$

において $\hat{p} = -i\hbar\frac{\partial}{\partial x}$ とすれば，$\hat{p}^2 = -\hbar^2\frac{\partial^2}{\partial x^2}$ ですから，

$$i\hbar\frac{\partial}{\partial t}\Psi(x,t) = -\frac{\hbar^2}{2m}\frac{\partial^2}{\partial x^2}\Psi(x,t) + V(x)\Psi(x,t)$$

ということになるのです．

これでやっと Step1 の最初に紹介した方程式に一致したわけじゃ．

ここまで長かったです．

次の Step5 では，最も単純な場合，何もない 1 次元空間にある 1 つの自由電子をシュレーディンガー方程式がどのように記述するのか，何が起こると予言するのかを見ていこう．そのなかで，量子力学の予言がもつ，最も基本的な性質が見えてくるぞ．

いよいよシュレーディンガー方程式の具体的な意味や役割に踏み込んでいくのですね．楽しみ！

Step 4 で学んだこと

1. 量子力学系の状態の時間変化はユニタリ作用素で $e^{-i\frac{H}{\hbar}t}|\Psi\rangle$ と表されることを知った．
2. 1を微分方程式で表すと，$i\hbar\frac{\mathrm{d}}{\mathrm{d}t}|\Psi\rangle=\hat{H}|\Psi\rangle$ となることがわかった．
3. 波動関数 $\Psi(x)$ とは，ベクトル $|\Psi\rangle$ を $\langle x,\Psi\rangle$ と表したものであることを知った．
4. 交換関係 $[\hat{x},\hat{p}]=i\hbar$ は，位置表示の波動関数に対して次のように表されることがわかった．

$$\hat{x}=x \quad , \quad \hat{p}=-i\hbar\frac{\partial}{\partial x}$$

5. それを用いると，ポテンシャル $V(x)$ の中の電子に対して，次のようになることを学んだ．

$$\hat{H}=-\frac{\hbar^2}{2m}\frac{\partial^2}{\partial x^2}+V(x)$$

Step 5

5

シュレーディンガー方程式は何を表すのだろうか？

——位置または運動量が定まった自由電子の場合

さて，今まではシュレーディンガー方程式を「作る」ことを説明してきたが，わかったかな．

はい（…といいながら，あとでもう一度読み直そうっと）．

そうか，よしよし．このStep5では，シュレーディンガー方程式を少し「使ってみる」ことによって，どんな物理的な概念を示しているのかを体感してみるぞ．

「使う」って，いきなり無理ですよ．

心配するな．まずはいちばん単純な場合で考えてみるから．

5.1
自由電子状態とアインシュタイン＝ド・ブロイの関係式

ついに，シュレーディンガー方程式の形だけでなくて，実際にどんな意味をもっているのかがわかるんですね．

そうじゃ．いちばん単純な場合というのは，「自由電子」というものなんじゃ．

自由電子のシュレーディンガー方程式で何がわかるか

自由電子は，ポテンシャルエネルギーのない一様な空間を運動する電子でしたね．ポテンシャルエネルギーのない無限に拡がった1次元空間の場合，シュレーディンガー方程式は，

$$i\hbar\frac{\partial}{\partial t}\Psi(x,t)=-\frac{\hbar^2}{2m}\frac{\partial^2}{\partial x^2}\Psi(x,t) \qquad ①$$

ポテンシャルエネルギー $V(x)\Psi(x)$ の項はない

という簡単な形になります．

その舞台に登場するのは，「平面波状態」，「δ関数的状態」，それに「ガウス波束」というものです．それらの単純な例を見ていくと，シュレーディンガー方程式を前の章で導いた中で，そこに組み込んできた「不確定性関係」や，「波動関数の規格化」，これから学ぶ「アインシュタイン＝ド・ブロイの関係」という粒子性と波動性をつなぐ等式などの基本概念の意味が深く理解できるようになることでしょう．

また，その結果，シュレーディンガー方程式を「解く」ことで確認でき

る,「量子力学的自由粒子の運動」,「波動関数の拡散」,「物理的な状態」,「境界条件の重要性」といった概念もわかってくるでしょう.

それぞれの詳しい説明は,これから1つずつしていくぞ.

さあ,いよいよシュレーディンガー方程式の中身に突入だーっ!

運動量の決まった自由電子の波動関数

まずは電子の運動量が定まっているという場合から始めるとわかりやすいぞ.

えーっと,電子の運動量が定まっているということは,不確定性関係から,電子の位置はまったく不明ということになりますね.

そうじゃ.つまり位置 x が変数となるわけじゃ.

自由電子の場合,空間は無限となります.ここでは,その空間は「**1次元の直線全部**」と考えます.その全空間は一様なので,式①で見たように,ポテンシャルエネルギーの項はゼロです.

この場合のシュレーディンガー方程式である式①の形を見ると,式①が要求しているのは,$\Psi(x,t)$ を時間 t で偏微分した $\frac{\partial}{\partial t}\Psi(x,t)$ が,$\Psi(x,t)$ を空間変数 x で2階偏微分した $\frac{\partial^2}{\partial x^2}\Psi(x,t)$ に比例することだとわかります.すなわち,微分操作によって基本的な関数形 $\Psi(x,t)$ は変わっていません.

Step2で学んだとおり,微分作用素によって形を変えない関数(**固有関数**)は**指数関数** e^x,e^t,e^{ix} などです →p.18.自由電子の波動関数 $\Psi(x)$ がこうした固有関数からできていれば,式①の微分作用素は単なる掛け算に置き換わるので,自由電子のシュレーディンガー方程式を満たせるはずです.

したがって，指数関数が，運動量の決まった自由電子の波動関数の候補になります．ただし，「全空間で一様」という要求から，指数関数の引数に実数部分があってはいけません．もし，実数部分があると，

e^x，e^t　は，$x \to \infty$ や $t \to \infty$ のときに発散する

ので，意味のある解にはなりえません．値が無限になることを**発散**するといいますが，そうなると確率解釈によれば，x や t が大きいほど確率がいくらでも大きくなるということになってしまうからです．

こうして純虚数の引数をもつ指数関数が解の候補となりました．まず最初として，全空間の中で，ある一定の運動量だが特別な場所はないという状態をとり上げるので，解候補となる指数関数の引数は，次の形になります．

純虚数とは，実数部分のない複素数のことで，$ix = \sqrt{-1} \times x$ という形の数じゃ（ただし x は実数）．

$$i(ax + bt)$$

単位に依存する係数

物理学では，次のような形で書かれます．

波数（λ を波長として，$k = \dfrac{2\pi}{\lambda}$ で定義される）　**角振動数**（振動の角速度）

$$i(kx - \omega t)$$

これが指数の肩に乗るわけですから，解候補の指数関数は

$$\mathrm{e}^{i(kx - \omega t)} \qquad ②$$

となります．これは**平面波**というものの波動関数です．いったい平面波とはどんなものでしょうか．なぜ平面波とよぶのでしょうか．

3 次元空間だと，式②の関数は，

$$e^{i(k_x x + k_y y + k_z z - \omega t)}$$

という形になります．そして，この関数の値が一定の場所は，t の値を決めると 3 次元空間内の平面になるのです（図 5-1）．これを**波面**といいます．この波面が時間とともに進行していくわけです．われわれはここで 1 次元の場合のみ扱うので，この波面は 1 次元空間の 1 点ということになります．

また，$k\ (=\frac{2\pi}{\lambda})$ が大きいほど，2π の長さの間に入る波の数（波数）が多くなり（波長が短くなり），空間的な振動は激しくなります．また ω が大きいほど，単位時間内の変動数が多くなり，音や電波で言えば高周波数ということになります．ω の前の符号がマイナスになっているのは，時間が未来に向けて経過すると，波が空間の正の方向に移動していくようにするためです（図 5-2）．

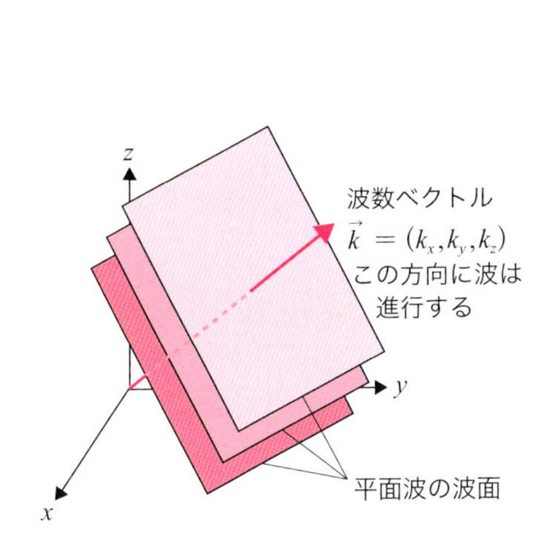

図 5-1　**3 次元の平面波の波面**

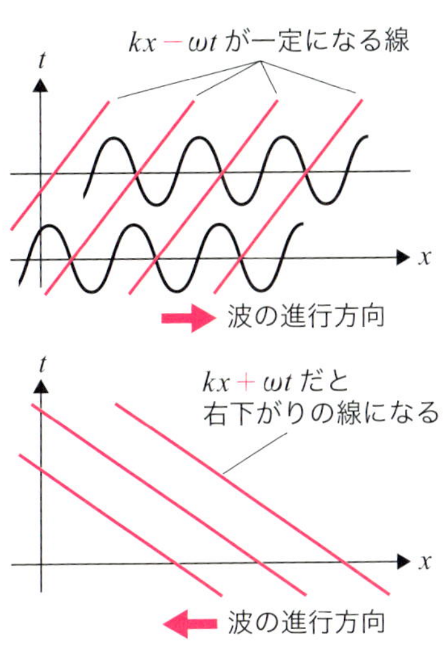

図 5-2　**$-\omega t$ になっている理由**

括弧の中が 2π の整数倍だけ変化すると，複素数としての位相角が 2π の整数倍変化することになって，関数値は，元の値に戻ります（図 2-3 を思い出してみよう →p.34）．つまり**周期関数**ということになります（図 5-3）．

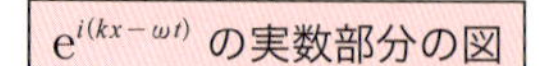

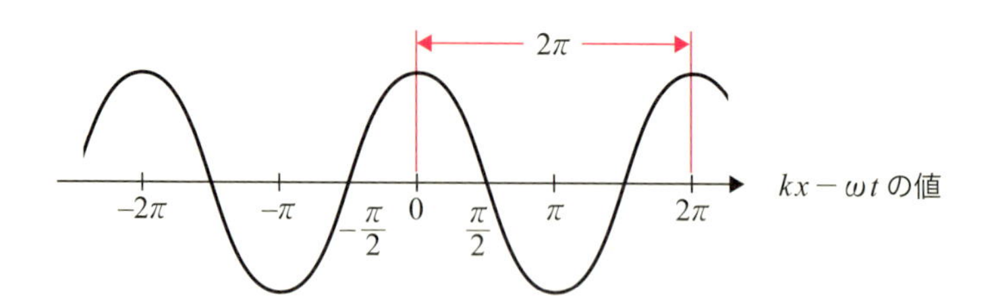

$t=0$ のときは e^{ikx} になる．そのときの実数部分の図

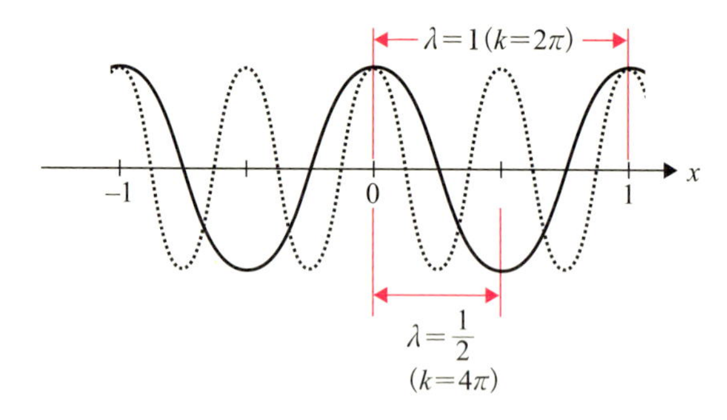

図 5-3　**周期関数**

アインシュタイン＝ド・ブロイの関係式と方程式の解

さて，この式②の平面波の波動関数 $e^{i(kx-\omega t)}$ を，式①のシュレーディンガー方程式に代入してみましょう．

<左辺> $i\hbar\dfrac{\partial}{\partial t}e^{i(kx-\omega t)} = i\hbar\cdot(-i\omega)e^{i(kx-\omega t)} = \hbar\omega e^{i(kx-\omega t)}$ ③

<右辺> $-\dfrac{\hbar^2}{2m}\dfrac{\partial^2}{\partial x^2}e^{i(kx-\omega t)} = -\dfrac{\hbar^2}{2m}(ik)^2 e^{i(kx-\omega t)}$ ④

式③④の色をつけた部分を見ると，$e^{i(kx-\omega t)}$ という関数に対しては，時間微分と空間微分が，

$$\frac{\partial}{\partial t} \to \times\,(-i\omega)$$

$$\frac{\partial}{\partial x} \to \times\,ik$$

指数関数の肩に入っている変数のうち，偏微分される変数の係数が，指数関数全体に掛ける数となって前に出るぞ．

$$\frac{\partial}{\partial t}e^{-i(kx-\omega t)} = (-i\omega)\times e^{-i(kx-\omega t)}$$

$$\frac{\partial}{\partial x}e^{-i(kx-\omega t)} = (ik)\times e^{-i(kx-\omega t)}$$

となっていることに注意しましょう．つまり，$e^{i(kx-\omega t)}$ という関数は，$\dfrac{\partial}{\partial t}$，$\dfrac{\partial}{\partial x}$ という作用素の固有ベクトル（固有関数）になっていて，その固有値はそれぞれ $-i\omega$ と ik であるということです．この事実はこの先で使いますので頭に置いておいてください．

さて，式①の両辺が一致するためには，式③④より，

$$\hbar\omega = \frac{\hbar^2 k^2}{2m} \quad ⑤$$

となっていなくてはいけないことがわかりますね．このような関係になっているとき，式②として示した $e^{i(kx-\omega t)}$ は，式①のシュレーディンガー方程式の解であるわけです．

実は，時間についての振動のしかたを表す角振動数 ω と，空間についての振動のしかたを表す波数 k の関係は成り立っていることが，実験事実よりわかっているのです．それは**アインシュタイン＝ド・ブロイの関係式**といい，ド・ブロイによる粒子と波動の 2 重性の考察による**物質波**の理論と，アインシュタインによる**光電効果**におけるエネルギーのやりとりの考察（**光子**の考え方）によるものです．

粒子性　　波動性

＜物質波＞　$p = \hbar k = \dfrac{2\pi\hbar}{\lambda} = \dfrac{h}{\lambda}$

＜光　子＞　$E = \hbar\omega$　　⑥

光電効果

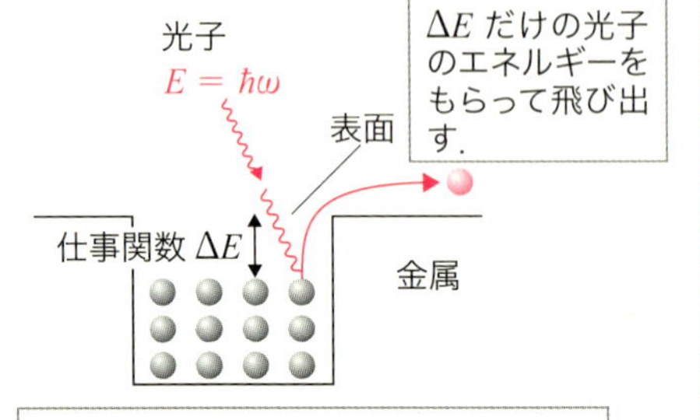

1光子当たりのエネルギーが小さいと光を強くして(光子数を多くして)もだめで, ΔE だけ(以上)の, すなわち振動数が大きい光子でないと ΔE を供給することができない.

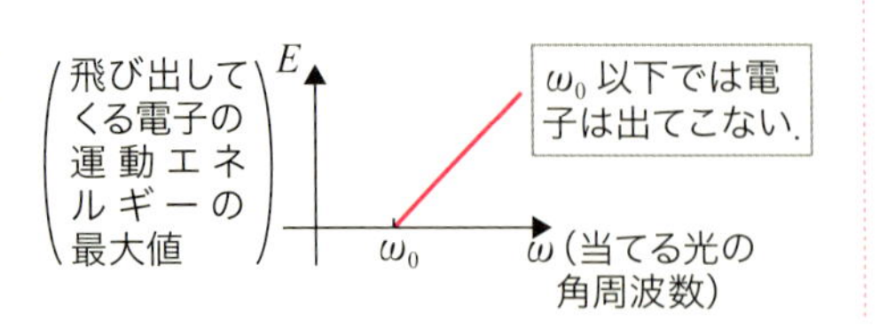

物質波

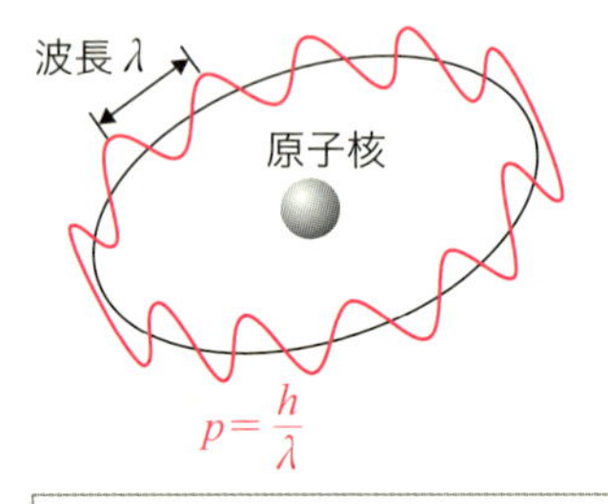

運動量 p の物質粒子には波長 λ の波が随伴する. この波が安定に存在できるのが原子内の電子軌道である.

粒子性　　アインシュタイン=ド・ブロイの関係式　　波動性

$$E = \frac{p^2}{2m}$$

量子化

$$i\hbar\frac{\partial}{\partial t}\Psi(x,t) = -\frac{\hbar^2}{2m}\frac{\partial^2}{\partial x^2}\Psi(x,t)$$

$$\omega = \frac{\hbar}{2m}k^2$$

図 5-4　物質波, 光電効果とアインシュタイン=ド・ブロイの関係式

この関係を代入すると，関係式⑤は，

$$E = \frac{p^2}{2m}$$

となりますから，ニュートン力学の関係式として成り立っています．これは当然のことで，自由電子のハミルトニアンは，この関係を量子化することによって得られていたからです．

歴史的には逆で，まずはアインシュタイン=ド・ブロイの関係式が発見され，その数学的表現として平面波が解になるような波動方程式としてシュレーディンガー方程式が得られたのです（図 5-4）．

5.2 平面波が複素関数である理由

実数の波と複素数の波

電子に波動性があるということは実験的にわかっておる．

基本的な波である平面波の波動関数は $e^{i(kx-\omega t)}$ だということは教えてもらいました．

そのとおり．じゃあ，なぜ，複素数の指数関数を用い，実数の三角関数で表現しなかったのかわかるかな？

次のように，実数の波動関数（**三角関数**）でも，波動性という現象を表すことはできます．

$$\sin(kx - \omega t)$$

波頭が速度 $v_p = \dfrac{\omega}{k}$ で x の正の向きに移動していく正弦波

この正弦波の速度 v_p を**位相速度**といいます．位相が一定の場所が移動する速さだからです．

しかし，結論を先にいうと，実数では，「確率の保存」そして「不確定性関係」が波動関数に課する制限を表現できないのです．どうしてなのか，これから見ていきます．

実数か複素数か——「不確定性関係」の観点から

アインシュタイン=ド・ブロイの関係から，時間，空間についての振動の激しさが，運動量，エネルギーが大きいことに結びついていることがわかります．それだけなら実数でも表現できるでしょう．だが，波動関数に対する**不確定性関係**である，

$$\Delta p \cdot \Delta x \geq \frac{\hbar}{2}$$

という関係によれば，運動量はだいたいわかっているが，位置はほとんどわからないという状態がありえます（これは**ケナードの不等式**といって，ハイゼンベルクの γ 線顕微鏡のような測定に関する不確定性ではなく，同じ状態の位置表示の波動関数と運動量表示の波動関数についての制限です →p.64）．

波の空間的振動の激しさを全空間で均一にしていくと（正弦波になっていき），$\Delta p \to 0$ とはできますが，そのとき電子の位置の確率分布は空間的には波打って，図 5-5 a のように周期的な分布になります．しかし不確定性関係からは，どこにいるかわからないことを表す，図 5-5 b のような

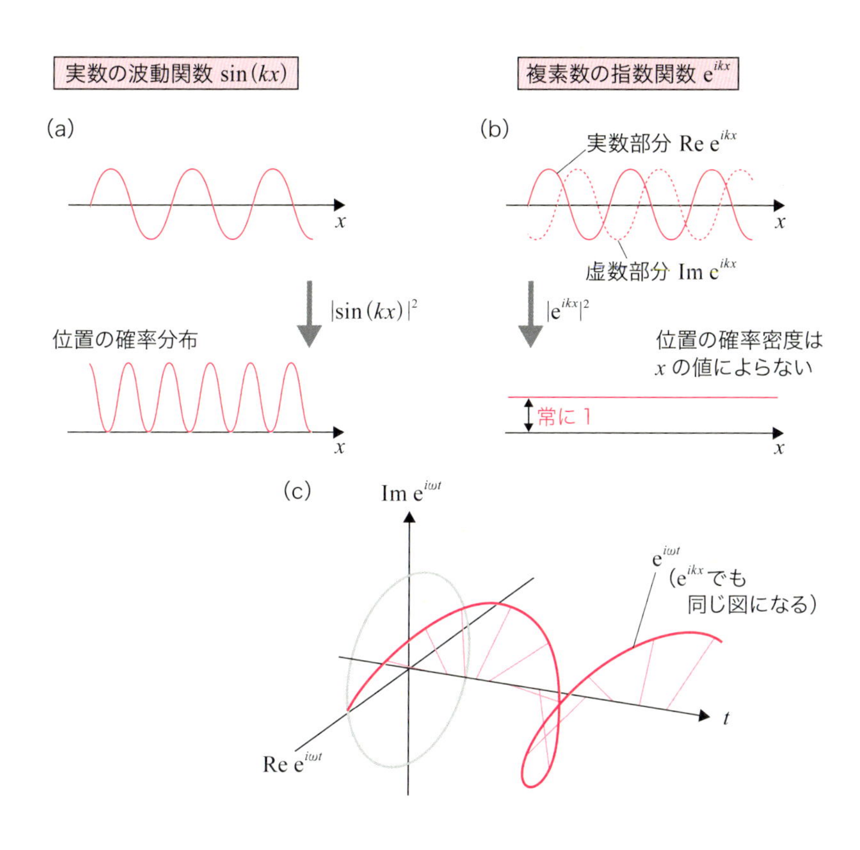

図 5-5　**実数の三角関数と複素数の指数関数**

一様分布でなくてはならないのです．

複素数の指数関数だと，振動の激しさは複素平面内の回転の激しさというできごととして表され，絶対値 1 の螺旋回転の激しさで表現されます(図 5-5 c)．空間的な位置によらず絶対値はいつも 1 ですから，均一な空間分布を表すことができます．

ふーん．つまり，実際の現象に合わせるようにして式を形作っていくというわけだな……

5.3

運動量が空間微分作用素である理由

Step4 の 4.4 節では，交換関係を満たす数学的表現として天下り的に作用素を決めたのを覚えているかな？

はい．p.101 の式⑦⑧ですね．

そうじゃ．実は，その作用素は，平面波が解として存在すべきことから決定することもできるのじゃ．

平面波の波動関数に対する作用素

自由電子の波動の表現には複素数の指数関数を採用することになりましたね．ここで，「物理量は自己共役作用素で表され，その固有値が測定値に対応する」ということを思い出しましょう →p.83.

このことを平面波状態について書いてみる，つまり，平面波が解になる方程式を作ってみると，

$$\hat{x}\mathrm{e}^{i(kx-\omega t)} = x\mathrm{e}^{i(kx-\omega t)}$$
$$\hat{p}\mathrm{e}^{i(kx-\omega t)} = p\mathrm{e}^{i(kx-\omega t)}$$

となります．$p = \hbar k$ であることを思い出すと，第 2 の式は，

$$\hat{p}\mathrm{e}^{i(kx-\omega t)} = \hbar k\mathrm{e}^{i(kx-\omega t)} \quad ⑦$$

となります．式③④の計算を思い出してください．指数関数に作用してその肩（引数）に入っている変数のうち，偏微分される変数の係数が，指数関数全体にかける数となって指数関数の前に出てきます．したがって，右辺で k という係数が出てくるためには，指数関数を x で偏微分すればよい

ことになります．つまり，

$$\hbar k \mathrm{e}^{i(kx-\omega t)} = -i\hbar \frac{\partial}{\partial x} \mathrm{e}^{i(kx-\omega t)} \qquad ⑧$$

ですから，式⑦⑧を比較して，運動量を表す作用素は次のようになることがわかります．

$$\hat{p} = -i\hbar \frac{\partial}{\partial x} \qquad ⑨$$

一般の波動関数に対する作用素

平面波に対して運動量がこのような作用素で表現されるというのなら，平面波ではない一般の波動関数についてはどうなるのかな？

一般の波動関数は，平面波の線形結合で表すことができます．そこから，一般の波動関数の運動量も，その線形性より，平面波と同じ微分作用素で表せると考えてよいのでしょうか．

平面波でない一般の波動関数は，

$$\Psi(x,t) = \frac{1}{\sqrt{2\pi}} \int_{-\infty}^{\infty} c(k,t) \mathrm{e}^{-ikx} \mathrm{d}k \qquad ⑩$$

波数 k の平面波成分の割合　　波数 k の平面波成分

のように，**フーリエ変換** →p.271 で表されます．この式⑩は，**任意の波動関数 $\Psi(x,t)$ を，いろいろな波数の平面波成分に分解している**ことになります．$c(k,t)$ が，波数 k の平面波成分の割合にあたります．

さて，微分作用素の線形性より，式⑨⑩を用いると，

$$\begin{aligned}\hat{p}\,\Psi(x) &= -i\hbar\frac{\partial}{\partial x}\Psi(x)\\ &= \left(\frac{1}{\sqrt{2\pi}}\right)(-i\hbar)\int_{-\infty}^{\infty}c(k,t)\frac{\partial}{\partial x}\mathrm{e}^{ikx}\mathrm{d}k \qquad ⑪\\ &= \left(\frac{1}{\sqrt{2\pi}}\right)\hbar\int_{-\infty}^{\infty}c(k,t)\,k\,\mathrm{e}^{ikx}\mathrm{d}k\end{aligned}$$

となります．このことをふまえて，運動量の期待値を計算しましょう．

期待値 $\langle\Psi,\hat{p}\Psi\rangle$ のブラ部分に式⑩を，ケットの部分に式⑪を入れると，

$$\langle\Psi,\hat{p}\,\Psi\rangle = \left(\frac{1}{\sqrt{2\pi}}\right)^2\hbar\left\langle\int_{-\infty}^{\infty}c^*(k',t)\,\mathrm{e}^{-ik'x}\mathrm{d}k',\int_{-\infty}^{\infty}c(k,t)\,k\,\mathrm{e}^{ikx}\mathrm{d}k\right\rangle$$

この内積は x 表示で $\int\cdots\mathrm{d}x$ とすることを念頭に置いて，$\dfrac{\mathrm{e}^{-ik'x}}{\sqrt{2\pi}}=\langle k'|$，$\dfrac{\mathrm{e}^{ikx}}{\sqrt{2\pi}}=|k\rangle$ と表記して，x と k，k' による積分の順序を変えると，

$$= \hbar\iint c^*(k',t)\,k\,c(k,t)\langle k',k\rangle\,\mathrm{d}k'\mathrm{d}k$$

さらに，直交性より $\langle k',k\rangle=\delta(k'-k)$ を用いて，

$$\begin{aligned}&= \hbar\iint c^*(k',t)\,k\,c(k,t)\,\delta(k'-k)\,\mathrm{d}k'\mathrm{d}k\\ &= \hbar\int_{-\infty}^{\infty}k|c(k,t)|^2\mathrm{d}k\end{aligned}$$

積分部分は，k の値にその確率 $|c(k,t)|^2$ を掛けて積分しているので期待値 $E[k]$ を表すことになり（$E[\ \ ]$ は期待値を表す），

$$= E[\hbar k] = E[p]$$

となります．すなわち，**運動量の固有ベクトルである平面波以外の一般の波動関数についても，運動量は位置微分で表してよい**ことがわかります．

> 一般の波動関数 Ψ に対して，$\hat{p}=-i\hbar\dfrac{\partial}{\partial x}$ とすると，
>
> $\langle\Psi,\hat{p}\Psi\rangle=E[p]$
>
> （ボルンの確率解釈を変形したもの）
>
> という量子力学の基本的要請と一致する結果が得られるんだな．

5.4 1次元空間の波動関数の規格化

振幅の決定と規格化

このようにして，自由電子の波動関数はすべて，

$$e^{i(kx-\omega t)}$$

という形になることがわかりました．この複素数値の関数は，実数部分をとれば，

$$\cos(kx - \omega t)$$

ですから，波動であることは一目瞭然です．しかし，関数を完全に決めるには，振幅がどうなっているのかがまだわかっていません．ただし，たとえ振幅がどうであっても（すなわちどんな定数を掛けても）シュレーディンガー方程式の解にはなっています．それが振幅を決める条件ではないのです．

> e^{ix} の実数部分が $\cos x$ であることは，Step2 で出てきたオイラーの公式
>
> $$e^{ix} = \cos x + i \sin x$$
>
> からわかるはずじゃ．

振幅を決める条件は，確率が1とならなくてはならないという要求からきます．その要求に応えるのが**規格化**です．

いい換えると，状態は，ヒルベルト空間のノルムが1のベクトルでなくてはならないという要求です →p.78．それは，変数のとりうるすべての値について，関数値の絶対値の2乗を足し合わせると1（いまの場合は積分の値が1）になっていなければならないということです．

有限区間での規格化

もし，全空間についてを考えているのであれば，全空間という領域について積分することになります（いまは1次元の問題を考えていますので，$-\infty < x < \infty$ の全範囲です）．すると，

$$\int_{-\infty}^{\infty} |e^{i(kx-\omega t)}|^2 dx = \int_{-\infty}^{\infty} 1\, dx = \infty \qquad ⑫$$

となります（これはノルムが無限大なので，ヒルベルト空間のベクトルではないのですが）．規格化しようとすると，無限大で割らなければならないということになります．それはできない相談ですので，長さ L の有限の区間の内側だけを考えることにして，

$$\int_{-\frac{L}{2}}^{\frac{L}{2}} |\Psi(x,t)|^2 dx = 1$$

という総確率が1となる規格化を満たすように，

$$\Psi(x,t) = \frac{1}{\sqrt{L}} e^{i(kx-\omega t)} \qquad ⑬$$

を，平面波だとすることもできます．これなら $-\frac{L}{2} \leq x \leq \frac{L}{2}$（$0 \leq x \leq L$ とする場合も多いです）の区間での自由電子に対するシュレーディンガー方程式の規格化された解になっています．しかし，無限区間での平面波という設定はどこかに行ってしまいましたね．

さんぽ道　3次元の場合の規格化

3次元の場合だと式⑬の分母の平方根の中は，規格化をする体積になるわけです．さらに，kx という因子は，$\vec{k}$ という3次元の波数ベクトルと $\vec{x}$ という3次元空間の位置ベクトルの内積になります．

有限空間から無限空間へ

ここから始めて無限空間を考えていく設定は，後の節で出てきます．

$x=-\frac{L}{2}$, $\frac{L}{2}$で波動関数がどうなっているか，さらには$L\to\infty$として，無限領域を考えたらどうなるかなどによって，

Lがある値に固定されている(**無限井戸型ポテンシャル**)	離散エネルギー	Step 7
両側に周期的に繰り返している(**周期的境界条件**)	離散エネルギー	Step 8
無限領域	連続エネルギー	Step 5

などいろいろあります．どういう境界条件を課すかによって，波数kや角周波数ω（つまりエネルギー）のとりうる値に制限が出てきます．

「無限井戸型ポテンシャル」はStep7で，「周期的境界条件」はStep 8で扱うぞ．

名前がむずかしいですねえ．

まあ大丈夫だ．ここでは，次節で，$L\to\infty$のときに規格化はどう考えればよいのかを考えておくからな．

5.5

δ関数による規格化

無限区間と急減少関数

えーっと，規格化するのは全確率の保存，すなわち状態ベクトルのノルムが1であることを保証するためだったな．確認，確認っと．

有限区間なら規格化は，

$$\int_a^b |\Psi(x)|^2 \mathrm{d}x = 1$$

となりますが，無限空間の場合，単純に $a \to -\infty$，$b \to \infty$として，

$$\int_{-\infty}^{\infty} |\Psi(x)|^2 \mathrm{d}x = 1$$

とすればよいのでしょうか．確かにこの条件を満たす関数はいくらでもあります．$\pm\infty$の極限である遠方で，ある速さより急に減少している関数です．たとえば**急減少関数**とよばれる関数の集合がその一例です（図5-6 a）．

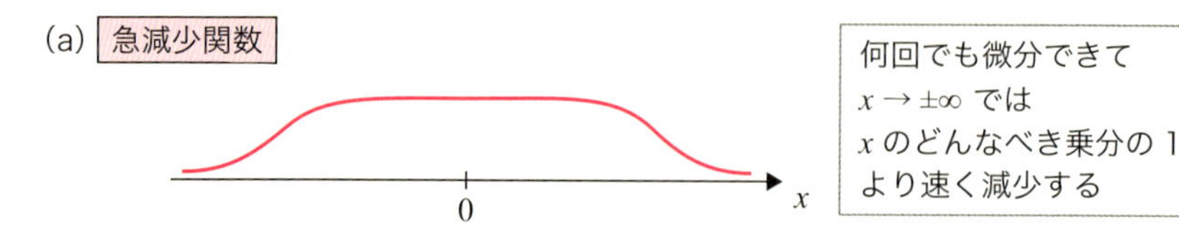

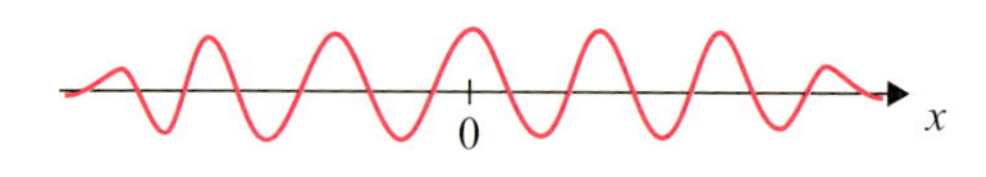

図 5-6　**急減少関数と平面波 × 急減少関数**

ところが，図 5-3 のようになる平面波はこの条件を満たすことができず，式⑫のように右辺は∞になってしまいます．ということは，無限区間での平面波は，ヒルベルト空間のノルム 1 のベクトルではありません．しかし，$\pm\infty$の遠方で，ある速さより速く減少していれば規格化できますね（もちろん減少していても積分が発散することはありますが）．そこで，急減少関数$f(x)$を掛け，

$$f(x)\mathrm{e}^{i(kx-\omega t)}$$

として規格化すればよさそうに思えます（図 5-6 b）．でも，平面波以外

の波動関数に対しても同じ $f(x)$ でよいか考えなくてはならなくなりそうです．そう考えると，$f(x)$ の具体的な形に依存しない形で定義したいところです．

ここでは，「δ関数に規格化する」と物理学ではよくいわれる考え方を紹介しましょう．

δ_ε 関数

Step3 で，δ 関数は超関数であり，関数に対して数値を対応させる機能であると説明しましたことを思い出してください →p.45．しかし δ 関数は，具体的には，何か δ に対応する「普通の関数」を，引数になる関数に掛けて積分するということで表します．そのような関数は存在しないのですが，それを近似する関数を考えます．

どのような関数 $f(x)$ でも，任意の $g(x)$ に対して

$$\int_{-\infty}^{\infty} f(x)g(x)\mathrm{d}x = g(0)$$

となることはできないぞ．それは積分の定義から結論されることなのじゃ．

たとえば，

さんぽ道　ゲルファントの３つ組み

もともと，無限区間を考えるというのは物理学にとっては理想化です．現実の，そして物理学が問題にする現象には本当に無限ということはありません．このような，物理学と現実世界の対応を考えつつ，数学的にも厳密化した考え方が，超関数を組み込んだ「ゲルファントの３つ組み理論」というものです．

ゲルファントの３つ組み				
ブラの空間	⊃	ヒルベルト空間	⊃	ケットの空間
線形汎関数				急減少関数
（超関数を含む）				（物理的状態）

$$\delta_\varepsilon(x) = \begin{cases} \dfrac{1}{2\varepsilon}, & -\varepsilon \leq x \leq \varepsilon \\ \dfrac{1}{4\varepsilon}, & x = \pm\varepsilon \\ 0, & |x| > \varepsilon \end{cases} \qquad ⑭$$

という普通の関数を考えましょう．これは全空間（$-\infty \leq x \leq \infty$）で積分すると 1 になり，かつ，近似的に，

$$\int_{-\infty}^{\infty} \delta_\varepsilon(x) f(x) \mathrm{d}x \cong f(0)$$

となることは，図 5-7 を見れば明らかでしょう．すなわち，$\delta_\varepsilon(x)$ を掛けて積分するという汎関数 →p.46 は「δ 超関数」の機能を近似しています．そこで，

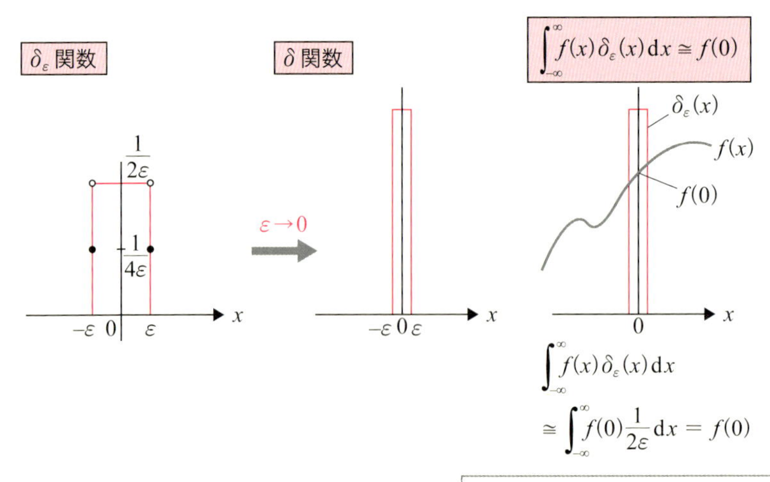

図 5-7　**δ_ε 関数の極限としての δ 関数を任意の $f(x)$ に掛けて積分する**

$$\lim_{\varepsilon \to 0} \delta_{\varepsilon}(x) = \delta(x)$$

と考えてしまうことにするのです．

標本化関数

このような近似関数の形は，この $\delta_{\varepsilon}(x)$ に限られるのではなく，いろいろな形を考えることができます．正弦関数をその変数で割って得られる，

標本化関数　正弦関数　変数

$$\mathrm{sinc}(x) = \frac{\sin(x)}{x} \quad ただし，\mathrm{sinc}\,(0) = 1$$

という形で定義される，**標本化関数**（または **sinc 関数**）も $\delta_{\varepsilon}(x)$ の候補になります（図 5-8 a）．全空間で 2 乗して積分すると 1 で，原点近傍に集中している関数です．

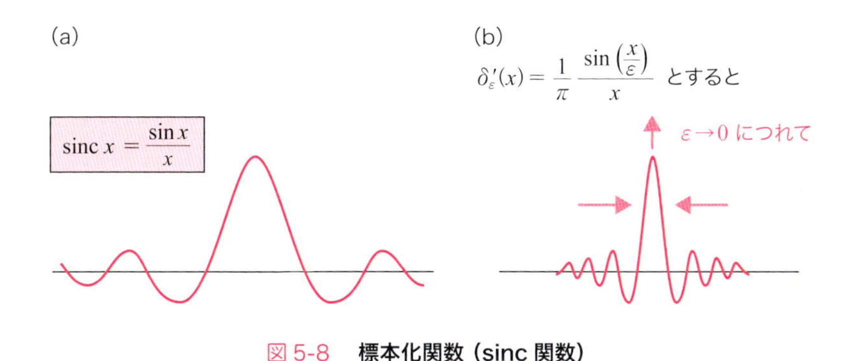

図 5-8　標本化関数（sinc 関数）

長方形と標本化関数がフーリエ変換で結びつく

標本化関数は次のような形にすれば，$\varepsilon \to 0$ の極限で δ 関数に収束しま

す（図 5-8 b）.

$$\delta'_{\varepsilon}(x) = \frac{1}{\pi}\frac{\sin\left(\dfrac{x}{\varepsilon}\right)}{x}$$

実は，こちらの $\delta'_{\varepsilon}(x)$ は，

$$\delta'_{\varepsilon}(x-a) = \frac{1}{2\pi}\int_{-1/\varepsilon}^{1/\varepsilon} \mathrm{e}^{ik(x-a)}\,\mathrm{d}k \quad ⑮$$

と，いろいろな波数 k（波長 λ）の波の重ね合わせ，すなわち，波数 k が $-\frac{1}{\varepsilon}$ から $\frac{1}{\varepsilon}$ までの区間にある波を，等しい重みで足し合わせたもので表現できます．したがって，$\varepsilon \to 0$ とすると $\frac{1}{\varepsilon} \to \infty$ および $-\frac{1}{\varepsilon} \to \infty$ となり，δ 関数のフーリエ変換が得られます．

$$\delta'(x-a) = \frac{1}{2\pi}\int_{-\infty}^{\infty} \mathrm{e}^{ik(x-a)}\,\mathrm{d}k = \frac{1}{\sqrt{2\pi}}\int_{-\infty}^{\infty} \frac{\mathrm{e}^{ika}}{\sqrt{2\pi}}\mathrm{e}^{-ikx}\,\mathrm{d}k \quad ⑯$$

すなわち，位置 $x = a$ にピークのある δ 関数のフーリエ変換は，

$$\frac{1}{\sqrt{2\pi}}\mathrm{e}^{ika}$$

です．特に $a = 0$ とすれば，単に $\frac{1}{\sqrt{2\pi}}$ です．フーリエ変換が $\frac{1}{\sqrt{2\pi}}$ という一定の値だということは，いろいろな波長 λ（波数 k）の平面波が，まっ

さんぽ道　標本化

数学的にいうと「標本化」とは，連続的な値をとる変数の関数から，一定の間隔を置いて関数値をとり出すことにより，離散的な数値の組として扱うことです．それは，図 5-7 のように δ 関数を掛けて積分するという操作を，δ 関数の位置を一定間隔ずつずらしながらおこなっていくことにあたります．標本化関数は，そのようにして得られた離散的データ列から，連続変数の元の関数を，関数値データがない間の変数値については補完して復元する際に使われます．

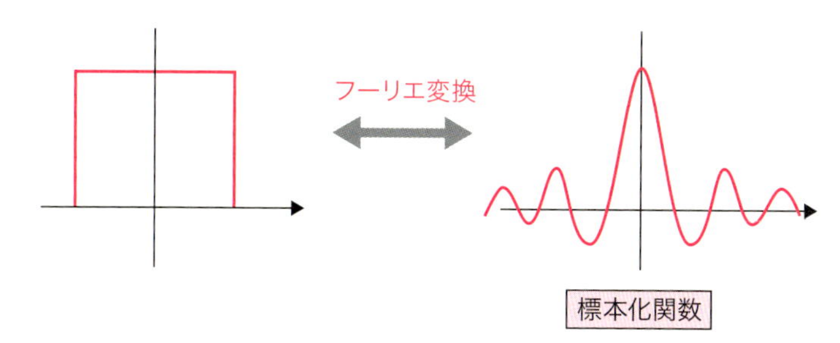

図 5-9　**長方形と標本化関数のフーリエ変換**

たく同じ割合で重ね合わされているということですから，δ 関数はすべての波長成分（平面波）を等しく含んでいることがわかります．

実は，δ 関数の上に示した 2 つの近似関数（長方形と標本化関数）はお互いにフーリエ変換で結びついています（図 5-9）．式⑮自身がそのことを表しています．

ある状態ベクトルの位置表示の波動関数 $\langle x, \Psi \rangle = \Psi(x)$ と，運動量表示（ここでは波数で表示します）の波動関数 $\langle k, \Psi \rangle = \Psi(k)$ とは，

$$\Psi(k) = \langle k, \Psi \rangle = \frac{1}{\sqrt{2\pi}} \int_{-\infty}^{\infty} \Psi(x)\, \mathrm{e}^{-ikx} \mathrm{d}x$$

というようにフーリエ変換で結びついています．

よって，位置の分布 $\Psi(x)$ としてある有限区間に一様に分布していてその他の空間にはゼロという第 1 の近似関数〔式⑭の $\delta_\varepsilon(x)$〕は，このフー

さんぽ道　δ 関数はすべての周波数を含む

δ 関数はすべての周波数成分を含むという近似的な事実は，理工学のいろいろな分野で使われます．変数を時間 t にした δ 関数は無限に鋭いパルスで，すべての周波数を等しく含みます．スイカを叩いて熟れ具合を確かめるのも，昔の医者が患者の胸を叩くのも，すべての周波数成分を一度に送り込んで，その応答を測定すれば，線形システムなら一度の測定ですべての周波数応答がわかる「インパルス応答」という原理なのです．

リエ変換の式で,「$\Psi(x)=$定数」で置き換えてその代わりに積分範囲を $-\dfrac{1}{\varepsilon}\leq k\leq\dfrac{1}{\varepsilon}$ と限定すれば,長方形の関数を掛けて全空間で積分するのと同じです.そのフーリエ変換である波数表示は,標本化関数で表される波動関数となります.

逆に,運動量がある値の近傍だけで一定値をとっている運動量表示の波動関数だと,それを位置表示すると標本化関数で表される分布になります.

δ 関数のフーリエ変換の式⑯で,$a\to x'$ とした式で,$x\to k$,$x'\to k'$,$k\to -x$ と置き換えれば,

$$\delta(k-k')=\frac{1}{2\pi}\int_{-\infty}^{\infty}\mathrm{e}^{-i(k-k')x}\mathrm{d}x \qquad ⑰$$

という表現が得られます.この右辺は,

$$\int_{-\infty}^{\infty}\frac{\mathrm{e}^{-ik'x}}{\sqrt{2\pi}}\frac{\mathrm{e}^{ikx}}{\sqrt{2\pi}}\mathrm{d}x=\langle k',k\rangle \qquad ⑱$$

となり,波数が k と k' の平面波の内積 $\langle k,k'\rangle$ を意味しています.

規格化とは,$\langle k,k\rangle=\||k\rangle\|=1$ としたいということでした.式⑰の右辺が有限ならその値で割ってやればよいわけでした.しかしそれが ∞ となる場合はという問題提起です.ここで式⑰⑱より,

$$\langle k',k\rangle=\delta(k-k') \qquad ⑲$$

が得られたわけです.ここから,$\langle k,k\rangle=\delta(0)$ となり,ノルム ∞ ということを表しています.

平面波の規格化

そろそろ平面波の規格化の問題に戻りましょうよ.

そうじゃな．1 に規格化するのは，すべての事象に対してどれかが起こる確率が 1 であることを保証するためだったな．

あれっ？　でも，全空間のどこかに電子は発見されるという話ですと，無限に広い領域に均等に分布しているのなら，全空間では無限大になってしまいますよ．そうすると，有限領域の確率は 0 になるのでは…

そう！　ある有限領域で発見される確率という概念に意味はなくなってしまう．だから，相対的な確率で我慢せねばならぬ．

離散の場合の $\langle k',k\rangle = \delta_{kk'}$（クロネッカーの δ →p.70）という規格化から，相対的な確率値という意味で定義してしまいましょう．

δ 関数の近似関数 $\delta_\varepsilon(x)$ はどんな形のものであろうと，全空間での積分は 1 です．そしてその極限である δ 関数もその性質をもっています．そこで先の式⑰～⑲を使うと，

$$\langle k',k\rangle = \left\langle \frac{1}{\sqrt{2\pi}}\mathrm{e}^{ik'x}, \frac{1}{\sqrt{2\pi}}\mathrm{e}^{ikx}\right\rangle = \delta(k'-k)$$

と考えればよいだろうということになります．これが**δ 関数に規格化する**ということなのです（右辺のブラで指数関数の肩の符号が正ですが，ブラベクトルなので実際に積分するときにはこの符号は複素共役関数にするため負になります）．すなわち，

$$|k\rangle = \Psi_k(x) = \frac{1}{\sqrt{2\pi}}\mathrm{e}^{ikx}$$

規格化のために掛ける規格化定数

と規格化するわけです．3 次元空間全体だったら，

$$c \times \iiint \mathrm{e}^{i\vec{k'}\vec{x}} \mathrm{e}^{i\vec{k}\vec{x}} \mathrm{d}x\mathrm{d}y\mathrm{d}z = \delta(k_x - k_x')\delta(k_y - k_y')\delta(k_z - k_z')$$

とすると，x，y，z の 1 つの方向のフーリエ変換から $\frac{1}{2\pi}$ という因子が出るので，3 つの方向からの寄与でその 3 乗になって，

$$c = \frac{1}{(2\pi)^3}$$

となるので，**規格化定数**は $\frac{1}{(2\pi)^{\frac{3}{2}}}$ になります．

5.6 δ関数と平面波で表される波動関数——位置表示と運動量表示

ここで平面波状態と δ 関数的状態についてまとめておくぞ．

運動量作用素の固有状態

位置表示での平面波の波動関数

$$\frac{1}{\sqrt{2\pi}} \mathrm{e}^{ikx} = |k\rangle \quad ⑳$$

は，運動量作用素の固有関数で，

> 正確には，式⑳の左辺は位置表示の波動関数なので，右辺は $\langle x, k\rangle$ と書くべきだが，このように単にケット・ベクトルで書いてしまうことが多いぞ．位置表示すると左辺のようになるベクトルということじゃ．

$$\hat{p}|k\rangle = -i\hbar \frac{\partial}{\partial x} \frac{1}{\sqrt{2\pi}} \mathrm{e}^{ikx} = \hbar k|k\rangle$$

となりますから，そのときの固有値は，運動量 $p = \hbar k$ です．この状態の電子に対して運動量を測定すると確実に $\hbar k$ という値が得られます．

位置作用素の固有状態

それでは位置作用素についてはどうでしょうか．$\hat{x}$ は x を掛け算するということになり，

$$\hat{x}|k\rangle = x\frac{1}{\sqrt{2\pi}}\mathrm{e}^{ikx} = x|k\rangle$$

です．固有状態なら，右辺は変数でなく定数が掛からなくてはいけませんので，固有状態ではないですね．位置を測ると，確率解釈によって，

$$\Pr(x) \propto \left|\frac{1}{\sqrt{2\pi}}\mathrm{e}^{ikx}\right|^2 = \frac{1}{2\pi}$$

ですから，x の値に依存せず，全空間に一様な可能性になります．

では，位置作用素の固有状態になるのはどのような関数でしょうか．

$$\hat{x}\Psi(x) = x\Psi(x)$$

のように，位置作用素は位置表示のとき，単に位置 x を掛け算することになります（「掛け算作用素」といいます）．もしかすると δ 関数 $\delta(x-a)$ が固有関数では，と思うのではないでしょうか．試してみましょう．

δ 関数は超関数ですから，物理的状態 $f(x)$ に掛けて積分しなければなりません．

δ 関数は，物理的な状態であるケットベクトルに対して数値を与えるブラベクトルだという意味だぞ．

$$\int x\delta(x-a)f(x)\mathrm{d}x = af(a)$$

一方，この式の左辺は，$x = a$ での $xf(x)$ の値をとり出すという意味で

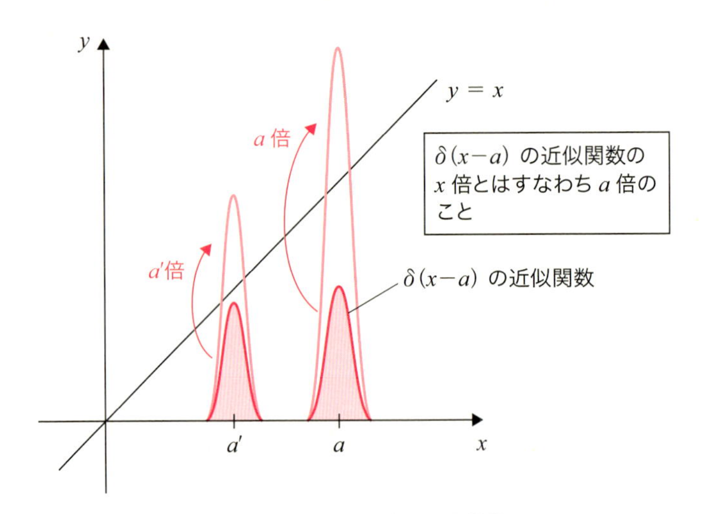

図 5-10　**位置作用素の固有状態**

すが，それは $af(x)$ の $x = a$ の値と同じなので，

$$\int a\delta(x-a)f(x)\mathrm{d}x = af(a)$$

ですから，

$$x\delta(x-a) = a\delta(x-a)$$

となります．したがって，

$$\hat{x}|\delta(x-a)\rangle = a\delta(x-a) = a|\delta(x-a)\rangle$$

となって，位置 a に無限大のピークがある δ 関数は，位置作用素の固有値 a の固有関数です（図 5-10）．すなわち，この状態で位置を測定すると，確実に $x = a$ の位置に発見されるわけです．

ちなみに，位置表示で δ 関数的な状態は，運動量の固有状態にはなっていません．もし運動量の固有状態になっていたら，δ 関数が位置と運動量という非可換な量の同時固有関数になり，矛盾です．

位置表示と運動量表示の関係

位置表示ではなく，運動量表示の波動関数では以下のようになるぞ．

話がさっきと逆になっているんですね．

運動量が $p_0 = \hbar k_0$ の状態 $|k_0\rangle$ は，位置表示では，

$$|k_0\rangle \mapsto \langle x, k_0\rangle = \frac{1}{\sqrt{2\pi}} e^{ik_0 x}$$

のように平面波ですが，運動量表示では，

$$|k_0\rangle \mapsto \langle k, k_0\rangle = \delta(k - k_0)$$

という δ 関数になります．

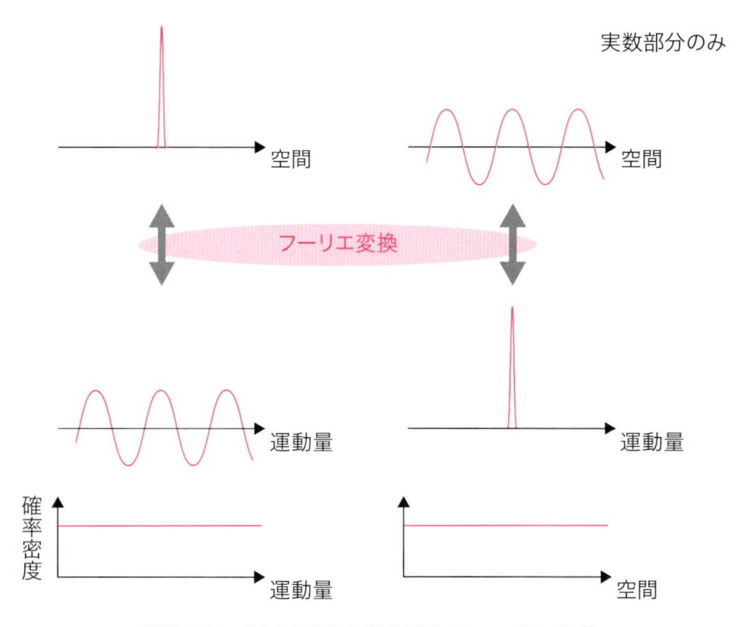

図 5-11　**位置表示と運動量表示のフーリエ変換**

逆に位置表示でのδ関数は，運動量表示では平面波になります．

作用素の側でいうと，位置作用素が変数kでの微分作用素，運動量作用素が掛け算作用素というわけです．

図 5-11 のように，その間をつなぐのがフーリエ変換だというイメージです．

Step1 ではちんぷんかんだった，シュレーディンガー方程式のそれぞれの部分の意味がなんとなくわかってきました．

Step6 以降では古典力学では説明のできない現象をシュレーディンガー方程式で説明できる様子を見ていくなかで，方程式を解くということのキーポイントは何かを学んでいくぞ．

Step 5 で学んだこと

1. 一定の運動量をもつ自由電子の波動関数は平面波 $e^{-i(kx-\omega t)}$ という形で，全空間に一様に拡がっていることを知った．
2. 波動関数は複素数でないと表しきれないことがわかった．
3. 全空間に拡がった波動関数の規格化にはδ関数を用い，$\dfrac{1}{\sqrt{2\pi}}e^{i(kx-\omega t)}$ という規格化になることを学んだ．
4. 位置xと運動量pを，$\times x$ と $-i\hbar\dfrac{\partial}{\partial x}$ で置き換えると，平面波では確かに $E=\dfrac{p^2}{2m}$ という古典論の関係式をアインシュタイン＝ド・ブロイの関係式に置き換えた式が得られることを学んだ．

Step 6

不確定さが最も小さい波動関数の形と運動を押さえよう

——空間のある範囲に局在して移動する粒子

Step5 では，いちばん単純な場合である自由電子について，運動量が決まっているが，位置はまったく不明で一様な空間全部に拡がっている「平面波」という状態を見たぞ．

はい．それと，逆に，粒子が一点に集中しているδ関数の状態も見ました．

そのとおりじゃ．成長してきたな．では，そういう２つの極限的状態の中間はどうなっているのか気にならないか？

なります，なります！

つまりそれは，自由電子が，位置空間的にも，運動量空間的にもある程度局在しているような状態じゃ．

そういう普通の状態を表す波動関数がわかるのですね．楽しみ！

6.1
不確定さがいちばん小さい場合の波動関数——ガウス関数

うなりとピーク

音の物理などで，図 6-1 のような時間的な振動について「うなり」の状態を勉強したことはあるかな？

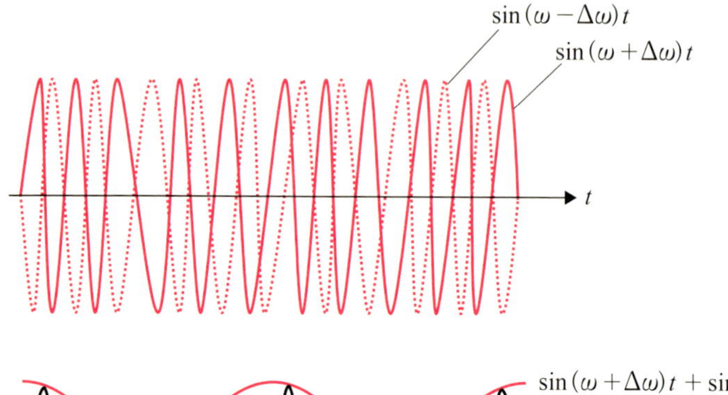

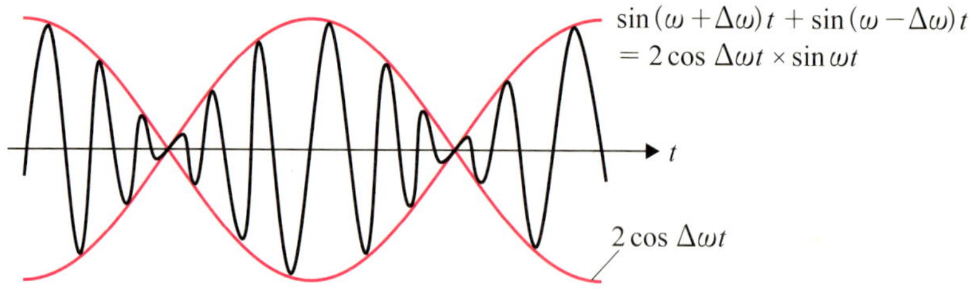

図 6-1　**うなり**

2つの周波数の波を加え合わせたうなりは，音の大小が周期的になります．加え合わせる周波数の異なった波の数をどんどん増やしていくと，原理的にはある一瞬に集中した(次のピークまでには大きな間隔がある)ピークを作ることができます．このことを，量子力学での波動関数で考えましょう．

平面波の重ね合わせ

シュレーディンガー方程式は線形方程式だから，うなり状態のように，解となる関数の足し合わせ，つまり重ね合わせになっている状態もまた解になるのじゃったな →p.28.

複数の解 $\Psi_1(x)$，$\Psi_2(x)$，…があったとき，それらの重ね合わせ $c_1\Psi_1(x) + c_2\Psi_2(x) + \cdots$ も解になるということが「重ね合わせの原理」じゃ．この原理を満たすようにシュレーディンガー方程式は作られているぞ．

では，いろいろな波数 k の平面波

$$\frac{1}{\sqrt{2\pi}}\mathrm{e}^{i(kx-\omega t)} \qquad ①$$

を重ね合わせることを考えましょう．平面波の波動関数はシュレーディンガー方程式の解となります →p.111．波数 k の平面波それぞれの重ね合わせにおける重みづけを $c(k)$ という係数で表すと，その重ね合わせ

$$\Psi(x,t) = \frac{1}{\sqrt{2\pi}}\int_{-\infty}^{\infty} c(k)\mathrm{e}^{i(kx-\omega t)}\mathrm{d}k \qquad ②$$

もまたシュレーディンガー方程式の解になります．ただし k と ω の間には，$\omega = \dfrac{\hbar}{2m}k^2$ の関係があります．

上の式②を見ると，波動関数 $\Psi(x,t=0)$ のフーリエ変換 $\Psi(k)$ は，

$$\Psi(k) = c(k) \qquad ③$$

であることがわかります．

$c(k)$ ⇄ $\Psi(x)$（フーリエ変換／フーリエ逆変換）

$$\Psi(x) = \frac{1}{\sqrt{2\pi}}\int c(k)\mathrm{e}^{i(kx-\omega t)}\mathrm{d}k$$

この部分が $\Psi(x)$ の逆変換なのじゃ．

この 6.1 節では，$t=0$ での空間分布のみを考えることにします（波動関数の時間変化については次の 6.2 節で扱います）.

ガウス関数

これから，平面波の重ね合わせの空間分布について，ハイゼンベルクの不確定性関係を理解するために考えていくのだが，その前にちょっと説明しておきたいことがあるのじゃ.

空間分布が次のようになっている**ガウス関数**または**正規分布**などといわれる関数について聞いたことがあるでしょうか.

確率分布　平均値（分布の中心）

$$\rho(x) = \frac{1}{\sqrt{2\pi\sigma^2}} e^{-\frac{(x-a)^2}{2\sigma^2}} \quad ④$$

標準偏差（分布の幅：ばらつきぐあい）

これは，誤差の分布などとして統計学・確率論の基本中の基本になっている**確率分布関数**です．全空間で積分すると 1 に規格化されています．実は，このガウス分布のフーリエ変換は，またガウス分布になるのです（図 6-2）.

ガウス関数を波数表示すると，次の式になります.

$$\rho(k) = \sqrt{\frac{2\sigma^2}{\pi}} e^{-2\sigma^2k^2-2iak} \quad ⑤$$

ガウス関数となる量子力学の波動関数

量子力学の波動関数は，2 乗してはじめて確率分布関数になるのでした

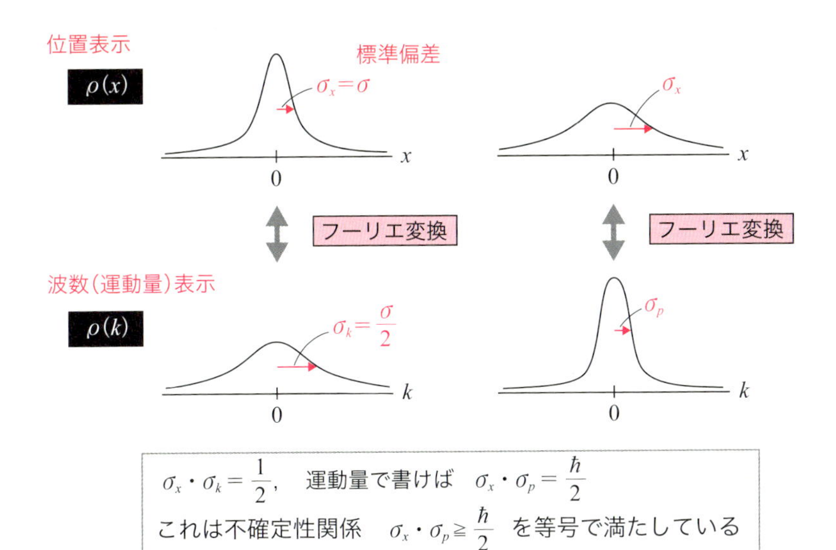

図 6-2　**ガウス関数とフーリエ変換**

ね．ですから，確率分布関数であるガウス関数を満たす量子力学の波動関数を求めるには，$\rho(x) = |\Psi(x)|^2$ となるように，$\Psi(x)$ を，

$$\Psi(x) = \{\rho(x)\}^{\frac{1}{2}} = \frac{1}{(2\pi\sigma^2)^{\frac{1}{4}}} \mathrm{e}^{-\frac{(x-a)^2}{4\sigma^2}} \quad ⑥$$

と定めます．この波動関数もガウス関数となります．

また，同じようにして式⑤から $\rho(k) = |\Psi(k)|$ となる $|\Psi(k)|$ を求めるか，あるいは，式⑥をフーリエ変換して運動量表示にした場合にもガウス関数になります．式③より $\Psi(k) = c(k)$ ですので，次のようになります．

$$\Psi(k) = c(k) = \{\rho(k)\}^{\frac{1}{2}} = \left(\frac{2\sigma^2}{\pi}\right)^{\frac{1}{4}} \mathrm{e}^{-\sigma^2 k^2 - iak} \quad ⑦$$

ガウス波束，最小不確定波束

ガウス波束の確率分布について，位置分布としての不確定さを標準偏差 σ_x で表すなら，式④と式⑤で $a = 0$ として見比べると，

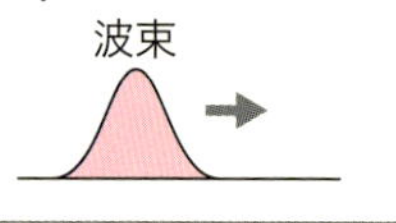

$$e^{-\frac{1}{2\sigma_x^2}x^2} \qquad と \qquad e^{-2\sigma_k^2 k^2}$$

となり，$\frac{1}{2\sigma_x^2} = 2\sigma_k^2$ になっているので，同じ状態での運動量の不確定さは，

$$\sigma_k^2 = \frac{1}{4\sigma_x^2} \qquad \therefore \quad \sigma_k = \frac{1}{2\sigma_x}$$

です．つまり，ガウス波束に対しては，

$$\sigma_x \cdot \sigma_k = \frac{1}{2}$$

となるのです．波数 k の代わりに，運動量 $p = \hbar k$ で置き換えれば，

$$\sigma_x \cdot \sigma_p = \frac{\hbar}{2} \qquad ⑧$$

が得られます．標準偏差をハイゼンベルクの不確定性関係の不確定さ →p.64 ととれば，ガウス関数は，その不等式

$$\Delta x \cdot \Delta p \geq \frac{\hbar}{2}$$

を下限の等号で満たしており，最も小さい場合の不確定さを表すことがわかるでしょう．したがって，ガウス波束のことを**最小不確定波束**といいます．もし，空間分布がガウス関数でなかったら，等号は成立しません．

シュワルツの不等式

ガウス波束は最小不確定でハイゼンベルクの不等式が等号になるのですが，一般の状態に対しては不等号になります．そのことは，ヒルベルト空間論の基本的不等式であるシュワルツの不等式というものから帰結されます．実は，波動現象一般に固有の制限で，なにも量子力学だからという不思議さではないのです．量子力学が波動関数で表現されることからただちに従うことなのです．シュワルツの不等式は次の式です（図 6-3）．

$$\langle \Psi, \Psi \rangle \langle \Phi, \Phi \rangle \geq |\langle \Psi, \Phi \rangle|^2$$

このシュワルツの不等式より不確定性関係はただちに導き出され，

$$(\Delta x)^2 (\Delta p^2) \geq \left(\frac{\hbar}{2} \right)^2$$

という不確定性関係が得られます．その計算は次ページの囲みに示しておきますので，興味のある方は見てください．

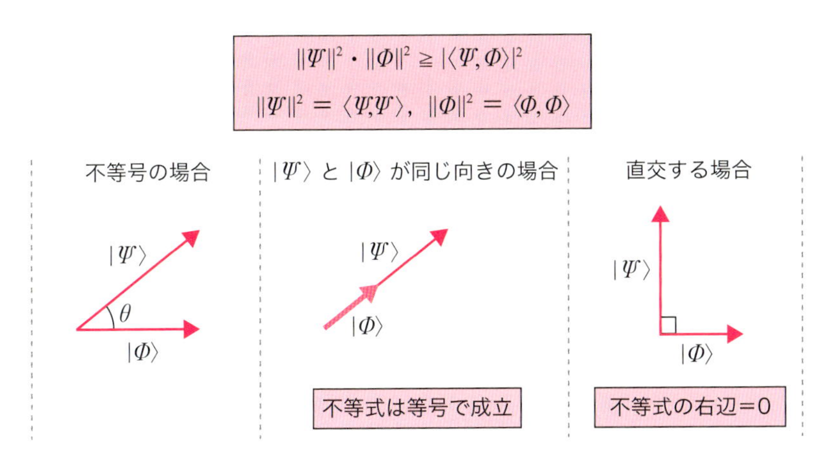

図 6-3　**シュワルツの不等式の幾何学的図解**

同一の状態ベクトルで表される状態 $|\Psi\rangle$ での，位置という物理量と，運動量という物理量の分散の積を計算してみましょう．シュワルツの不等式

$$\langle \xi,\xi \rangle \langle \eta,\eta \rangle \geq |\langle \xi,\eta \rangle|^2$$

において，$|\xi\rangle = x|\Psi\rangle$，$|\eta\rangle = -i\hbar\frac{\partial}{\partial x}|\Psi\rangle$ とすれば，

$$\langle \Psi, x^2\Psi \rangle \left\langle \Psi, \left(-i\hbar\frac{\partial}{\partial x}\right)^2 \Psi \right\rangle \geq \left| \left\langle \Psi, -xi\hbar\frac{\partial}{\partial x}\Psi \right\rangle \right|^2 \qquad ⑨$$

左辺は $(\Delta x)^2(\Delta p)^2$ であり，右辺は交換関係から次のようになるので，

$$\hat{x}\left(-i\hbar\frac{\partial}{\partial x}\right) - \left(-i\hbar\frac{\partial}{\partial x}\right)\hat{x} = -i\hbar$$

式⑨と，それの ξ と η を逆にした式とを辺々加えれば（虚数単位 i はケットに移すと複素共役になって符号が変わることに注意して），次の不確定性関係が得られる．

$$(\Delta x)^2(\Delta p^2) \geq \left(\frac{\hbar}{2}\right)^2$$

さんぽ道　ハイゼンベルクの不等式

量子力学草創期，ハイゼンベルクは γ 線顕微鏡という思考実験からこの不等式を説明しようとしました（図 3-8 →p.64）．それは，1 個の電子に対して，位置と運動量という 2 つの非可換な物理量の測定を同時におこなう状況を考えています．これは，測定操作による擾乱，反作用といった性質を表し，いわば，非可換量同時測定の思考実験です．

ここで導出した「ハイゼンベルクの不等式」はそれとは違い，量子力学的状態が元来もつ不確定さを表します．ガウス波束の例を見ればわかるように，同じ状態のたくさんの粒子を用意し，それを 2 つの別の部分集団に分け，一方の部分集団に対して位置の測定を何度も繰り返し，その一方でもう一方の部分集団に対して運動量の測定を繰り返します．そのときの標準偏差の間に成り立つ統計的予言なのです．

ハイゼンベルクはすぐに誤りを訂正しましたが，ハイゼンベルクの思考実験と波動関数のもつ不確定さをある意味で両方ともとり込んだ不等式が小澤の不等式です．位置測定の精度を，その操作による運動量への擾乱を η_p として次のように表されます．

$$\varepsilon_x \cdot \eta_p + \Delta x \cdot \eta_p + \Delta p \cdot \varepsilon_x \geq \frac{\hbar}{2}$$

6.2

時間変化する波動関数の運動と形

ここまでの話は，波動関数の時間変化のことは考えていないぞ．

はい．$t=0$ での，位置表示と運動量表示で最小不確定ということを検討していましたから．あのう，それでは，時間が経過すると，ガウス波束はどのように運動し，またその分布の形はどうなっていくのでしょうか．

それをこれから見ていくのじゃ．運動量が大まかにいって p_0 ぐらい，すなわち波数が k_0 ぐらいである状態を考えてみよう．

分布の中心の移動速度

運動量表示で波数の中心が k_0 であるような正規分布をしている波動関数を考えます．このような波数分布だと，その位置表示の確率分布関数は，直前の項の議論から，やはり位置についての正規分布になります．p.137 の式②に戻り，式⑥を用いて少し面倒な計算をすると，

$$\Psi(x,t) = \sqrt{\frac{1}{\sqrt{2\pi\sigma_x^2}(1+iAt)}}\, \mathrm{e}^{\frac{-x^2/4\sigma_x^2+i(kx-\omega t)}{1+iAt}}$$

となります．ただし，$t=0$ のときの分布の中心 a を 0 としました．また $A=\dfrac{\hbar}{2m\sigma_x^2}$，$\omega=\dfrac{\hbar k_0^2}{2m}$ です．発見される位置の分布だと，

$$\rho(x,t) = |\Psi(x,t)|^2 = \frac{1}{\sqrt{2\pi\sigma_x^2(1+A^2t^2)}}\, \mathrm{e}^{\frac{\left(x-\frac{\hbar k_0}{m}t\right)^2}{2\sigma_x^2(1+A^2t^2)}} \qquad ⑩$$

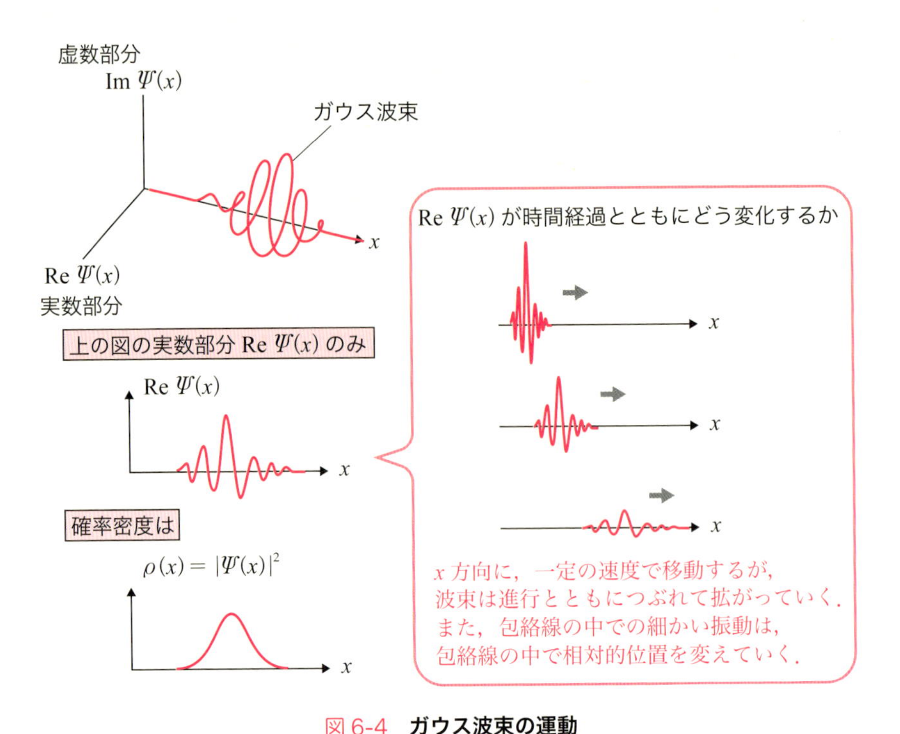

図 6-4　**ガウス波束の運動**

です．この波動関数の実数部分のグラフは上の図 6-4 のようになります．式⑩の形からは次のことがわかります．$t=0$ で $x=0$ にあった位置分布の中心は時間の経過につれて，

$$v = \frac{\hbar k_0}{m} = \frac{p_0}{m} \qquad ⑪$$

という速度で x の正の方向に移動します．分布の中心の運動は，古典力学とまったく同じであることに注意してください．

ガウス分布の形の時間変化

また，分布の形は，ガウス関数の形ではあるのですが，だんだんつぶれて，拡がっていきます．標準偏差でいうと，

$$\sigma_x \to \sigma_x \sqrt{1+A^2t^2} = \sigma_x \sqrt{1+\frac{\hbar}{2m\sigma_x{}^2}\,t^2} \qquad ⑫$$

というように時間が経過すると大きくなっていきます．式⑫を見ると，この標準偏差の変化を表す式からわかるのは，拡散していく速さは，初めの分布が細く集中しているほど，すなわち σ_x が小さいほど，平方根の中の t^2 に掛かっている係数が大きいことです．したがって，その後の分布の形は速く拡散していくということがわかるでしょう．

6.3 位相速度と群速度

重ね合わせと位相のずれの拡がり

波動関数はどうして拡がり潰れながら進行していくのだろう……

それは以下のように理解できるぞ．

重ね合わせによって波動関数を構成している平面波の速度は，

$$v_k = \frac{\omega_k}{k}$$

というように，波数により異なります．速さの異なる波から構成されているわけですから時間が経つとそれらの位相がずれていってしまうのは当然です．具体的にいうと自由電子については，

$$\hbar\omega = \frac{\hbar^2 k^2}{2m}$$

という関係 →p.111 がありますから，

$$v_k = \frac{\hbar k}{2m}$$

となります．式⑧で表されるように，$\sigma_p = \dfrac{\hbar}{2\sigma_x}$ ですから，空間的に細い分布（σ_x が小さい）のほうが幅広い波数の波を含んでいます（σ_p，σ_k が大きい）．したがって，この位相のずれも顕著になって，速く拡がってしまうのです．

位相速度

前の項で見たように，ガウス波束中心の移動速度（**群速度**）は，式⑪のように古典力学と同じく $v = \dfrac{p_0}{m}$ という速度で移動します．しかし中心的な波数 $k_0 = \dfrac{p_0}{\hbar}$ の平面波の速度は，その形が $\mathrm{e}^{i(k_0 x - \omega_0 t)}$ ですので，その位相の同じ場所は $k_0 x - \omega_0 t$ が同じ値になる場所の移動速度です．たとえば，$k_0 x - \omega_0 t = 0$ になっている位置の移動速度は，

位相速度

$$v_{\text{phase}}(k_0) = \frac{\omega_{k_0}}{k_0} = \frac{p_0}{2m}$$

となります．こちらの速度 v_{phase} は**位相速度**といいます．

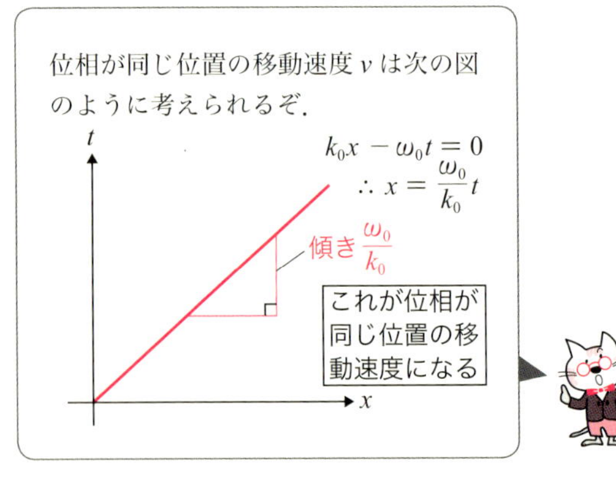

ω と k は勝手に決められるわけではなく，関係し合っていることに注意してください．ω と k，いい換えるとエネルギー E と運動量 p の関係を**分散関係**といいますが，自由電子の場合にその関係は，

$E = \dfrac{p^2}{2m}$ でした．

このようにガウス波束の場合，位相速度 $\dfrac{p_0}{2m}$ と群速度 $\dfrac{p_0}{m}$ は2倍違いますから，移動するガウス波束の中で，細かい振動は全体の進行より遅くて，包絡線の中で相対的に移動します（図6-4）．

群速度

電子の移動速度に対応し，また古典的な粒子速度に一致するのは位相速度の2倍の値をもつほうで，こちらは**群速度**とよばれます．波束が全体として移動していく速度という意味です．群速度は，

群速度

$$v_g = \frac{\partial}{\partial k}\omega(k) = \frac{\partial}{\partial p}E(p)$$

で与えられます．ガウス波束の場合には，この式と中心の移動速度が一致しました．自由電子の分散関係から計算すると確かに $v_g = \dfrac{p}{m} = v$ となります．その計算は，下の囲みに示しますので，興味のある方は見てください．

実は，群速度は波動関数の包絡線の移動速度なのです．古典的波動の簡単な例で示しましょう．2つの1次元平面波の重ね合わせを考えます．三角関数の和を積に変える公式より，

$$\sin(k_1x-\omega_1t)+\sin(k_2x-\omega_2t)=2\sin\left(\frac{k_1+k_2}{2}x-\frac{\omega_1+\omega_2}{2}t\right)\cos\left(\frac{k_1-k_2}{2}x-\frac{\omega_1-\omega_2}{2}t\right)$$

となります．k_1 と k_2 が近ければ，右辺は平均波数と平均角周波数で振動する元の2つの平面波に近似した sin 波と，変調波である cos の波形の積です．式からわかるように $k_1 - k_2$ が小さいので，その逆数である cos のほうの波長は長くなっています．

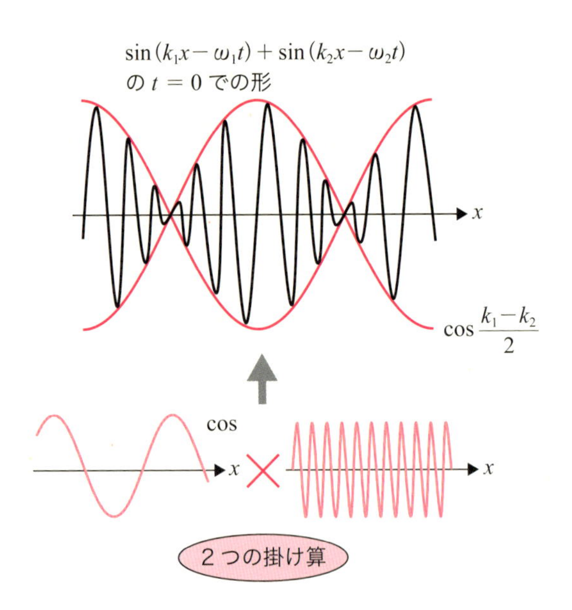

波長の短い搬送波と長波長の信号を表す変調波の積の形は，その積の波形の包絡線に変調波がなっているわけです．この変調波の速度が，信号（情報）とエネルギーが伝わる速さ，粒子が移動する速さなのです．右辺の cos 波の移動速度は，

$$v = \frac{\omega_1 - \omega_2}{k_1 - k_2} = \frac{\Delta\omega}{\Delta k} \cong \frac{\partial\omega}{\partial k}$$

となります．これは群速度の定義式と同じですね．

6.4 エーレンフェストの定理

自由電子のガウス波束的な運動は，その中心の移動について古典力学に一致することがわかったかな．

はい，それはなんとか．

がんばろうな．では，もう少し一般に，ポテンシャルの中での運動だと古典力学との関係はどうなっているのを見ていくぞ．それに答えているのが「エーレンフェストの定理」というものなのじゃ．

1次元空間で，ポテンシャル $V(x)$ の中を運動している古典的粒子を考えます．その運動はニュートンの運動方程式

$$m\frac{\mathrm{d}^2}{\mathrm{d}t^2}x(t) = -\frac{\partial}{\partial x}V(x)$$

で記述されます．右辺の空間微分は，ポテンシャルの空間的変化，すなわちポテンシャルの「傾き」が「力」を生み出しているという表現です．この式において，粒子の位置 x を，位置の期待値 $\langle \Psi, \hat{x}\Psi \rangle = \langle \hat{x} \rangle$ で置き換えた式が成立するというのが**エーレンフェストの定理**の内容です．すなわち，

位置の期待値

ポテンシャルの空間的変化の期待値

$$m\frac{\mathrm{d}^2}{\mathrm{d}t^2}\langle x \rangle = -\left\langle \frac{\partial V}{\partial x} \right\rangle \qquad ⑬$$

です．この式によれば，量子力学的粒子の運動は，期待値についてニュートンの運動方程式を再現することになるわけです．そのうえ，式⑬は，期待値をとるという操作により，量子力学のもつミクロな世界での物理系に関する情報の詳細は失われているので，量子力学は古典力学を含んでいることになります．

エーレンフェストの定理は，量子力学的粒子の運動は，期待値がニュートン方程式に一致するという，古典力学と量子力学をつないでいる定理といえます．定理の証明を次の囲みに示しておきますので，興味のある方は見てください．

この関係を示すためには，

$$\frac{\mathrm{d}}{\mathrm{d}t}\langle x\rangle = \frac{1}{m}\langle p\rangle \quad と \quad \frac{\mathrm{d}}{\mathrm{d}t}\langle p\rangle = -\left\langle\frac{\partial V}{\partial x}\right\rangle$$

の２つの式を示せばよいわけです．まず第１の式

$$\frac{\mathrm{d}}{\mathrm{d}t}\langle x\rangle = \frac{\mathrm{d}}{\mathrm{d}t}\int\Psi^* x\Psi\mathrm{d}x = \int\frac{\partial\Psi^*}{\partial t}x\Psi\mathrm{d}x + \int\Psi^* x\frac{\partial\Psi}{\partial t}\mathrm{d}x$$

そして，ポテンシャル中のシュレーディンガー方程式

$$i\hbar\frac{\partial\Psi}{\partial t} = -\frac{\hbar^2}{2m}\frac{\partial^2\Psi}{\partial x^2} + V(x)$$

を用いて，この関係を右辺の２つの積分中の時間微分の因子に用いると，

$$\frac{\mathrm{d}}{\mathrm{d}t}\langle x\rangle = -\frac{i}{\hbar}\left[\int\Psi^* x\left(-\frac{\hbar^2}{2m}\frac{\partial^2}{\partial x^2}+V(x)\right)\Psi\mathrm{d}x - \int\left\{\left(-\frac{\hbar^2}{2m}\frac{\partial^2}{\partial x^2}+V(x)\right)\Psi^*\right\}x\Psi\mathrm{d}x\right]$$

$$= \frac{i\hbar}{2m}\int\left[\Psi^* x\frac{\partial^2\Psi}{\partial x^2} - \left(\frac{\partial^2\Psi^*}{\partial x^2}x\Psi\right)\right]\mathrm{d}x$$

となります．１つめ式の右辺の［　］の中で第２項の符号がマイナスになったのは，Ψが複素共役 Ψ^*になっているからです．ここで部分積分法 →p.270 を使った変形をします．部分積分の公式

$$\int_a^b\frac{\partial\Psi}{\partial x}\Phi\mathrm{d}x = [\Psi\Phi]_a^b - \int_a^b\Psi\frac{\partial\Phi}{\partial x}\mathrm{d}x$$

において，積分の範囲を $-\infty < x < \infty$とします．ここで物理的な現実の考察から，波動関数は無限遠でゼロになると仮定します．これは規格化の要請からも当然ですね．するとこの制限の範囲では，

$$\int\frac{\partial\Psi}{\partial x}\Phi\,\mathrm{d}x = -\int\Psi\frac{\partial\Phi}{\partial x}\mathrm{d}x$$

というように変形してよいことになります．これはStep5で出てきた，ゲルファントの３つ組みの考えのもとになったものです．何回でも微分できて無限遠で急速に減少するという「急減少関数」の集合を，ケットベクトルの空間として採用するというのが，ここでの考えの延長上で，超関数の微分は自動的に何回でもできます．というのは，上の式で示されているように，超関数 Ψ（超関数であっても普通の関数であっても）の微分は，それが汎関数として作用するケット Φの

ほうを身代わりに微分するということになるのです．

この関係を用いると，積の微分法を 2 回用いて，

$$\frac{\mathrm{d}}{\mathrm{d}t}\langle x\rangle = \frac{i\hbar}{2m}\int\left[\Psi^* x\frac{\partial^2\Psi}{\partial x^2} - \Psi^*\frac{\partial^2}{\partial x^2}(x\Psi)\right]\mathrm{d}x$$

$$= \frac{-i\hbar}{m}\int\Psi^*\frac{\partial}{\partial x}\Psi\mathrm{d}x$$

$$= \frac{1}{m}\langle p\rangle$$

次に第 2 の式を示しましょう．

$$\frac{\mathrm{d}}{\mathrm{d}t}\langle p\rangle = \frac{\mathrm{d}}{\mathrm{d}t}\int\Psi^*\left(-i\hbar\frac{\partial}{\partial x}\right)\Psi\mathrm{d}x = \frac{\hbar}{i}\int\Psi^*\frac{\partial}{\partial x}\frac{\partial\Psi}{\partial t}\mathrm{d}x + \frac{\hbar}{i}\int\frac{\partial\Psi^*}{\partial t}\frac{\partial\Psi}{\partial t}\mathrm{d}x$$

ここでも，シュレーディンガー方程式を用いて，

$$= -\int\Psi^*\frac{\partial}{\partial x}\left(-\frac{\hbar^2}{2m}\frac{\partial^2}{\partial x^2} + V(x)\right)\cdot\Psi\mathrm{d}x + \int\left(-\frac{\hbar^2}{2m}\frac{\partial^2}{\partial x^2} + V(x)\right)\Psi^*\cdot\frac{\partial\Psi}{\partial x}\mathrm{d}x$$

$$= -\int\left[\Psi^*\frac{\partial}{\partial x}(V\Psi) - \Psi^* V\frac{\partial\Psi}{\partial x}\right]\mathrm{d}x$$

$$= -\int\Psi^*\frac{\partial V}{\partial x}\Psi\mathrm{d}x = -\left\langle\frac{\partial V}{\partial x}\right\rangle$$

となります．これを第 1 の式

$$\frac{\mathrm{d}}{\mathrm{d}t}\langle x\rangle = \frac{1}{m}\langle p\rangle \quad \text{すなわち} \quad m\frac{\mathrm{d}^2}{\mathrm{d}t^2}\langle x\rangle = \frac{\mathrm{d}}{\mathrm{d}t}\langle p\rangle$$

と合わせると，式⑬が出てきたわけです．

Step 6 で学んだこと

1. 平面波の重ね合わせとして，いろいろな波動関数が表現されることを知った．
2. ガウス波束は，不確定性関係を等号で満たす最小不確定波束であることがわかった．
3. ガウス波束の移動速度や拡がりの増大などを調べた．
4. エーレンフェストの定理により，量子力学はニュートンの運動方程式を，位置の期待値というレベルで再現することを知った．

Step 7

1次元定常状態のエネルギー準位を求める
——時間に依存しないシュレーディンガー方程式

Step6までで，シュレーディンガー方程式が何を表し，その解となる波動関数はどういうものかを説明してきたが，わかったかな？

だ，大丈夫だと思います…

ここからは，実際のモデルとなる状態を設定して，そのモデルについてシュレーディンガー方程式を解いてみるぞ．

いよいよですね．緊張します．

いや，むしろ，今までより具体的にイメージしやすいから，わかりやすいかもしれんぞ．

それならよいですが．

最初にとり上げるのは，Step5・6で学んできた1次元空間を運動する電子だが，その空間が無限ではなく境界をもつというモデルじゃ．無限というモデルよりも少し現実に近づくぞ．

7.1

定常状態の解を求めるとはどういうことか

量子力学的状態ベクトル $|\Psi\rangle$ は時間 t の関数じゃ．しかし，その位置表示（運動量表示でも）である波動関数は，$\Psi(x,t)$ というように，時間 t と空間 x という 2 つの独立変数をもつ．

だから，シュレーディンガー方程式は偏微分方程式なのですよね．

そうそう．これまで学んできたのは，ある時刻に限定された空間分布だけの場合や，時間と位置が変化するうちで最もやさしいガウス波束の移動のような関数だった．この Step7 では，「時間的な変化はしているが，その変化のしかたは空間のどの位置でも一斉である」という場合，すなわち**定常状態**を考えるぞ．

えーっと……それってもしかすると，弦の振動と同じことじゃないですか？

グッジョブ！

定常状態とは

定常状態を考えるということを，式の形で表してみると，

$$\Psi(x,t) = X(x) \cdot e^{-i\omega t} \qquad ①$$

$\Psi(x,t)$：波動関数
$X(x)$：空間変数 x だけの関数
$e^{-i\omega t}$：速度 ω で時間的に振動することを表す（絶対値 1）

という形の解を求めることになります．右辺は，空間変数 x のみに依存し

t によらない関数 $X(x)$ と，逆に t のみに依存して x によらない関数 $T(t)$ との単なる掛け算になっています．

一般には，関数 $f(x,t)$ では x と t はお互いに絡み合っているが，$f(x,t) = X(t)\cdot T(t)$ という掛け算になると，x と t はお互いに依存しないぞ．

つまり空間的な姿態は変化せずに，$e^{-i\omega t}$ という絶対値が 1 ($|e^{-i\omega t}| = 1$ →p.34) の複素数が，空間の場所に依存せずに一斉に掛かります．すなわち，同じ時間ならすべての場所で同じ値で掛かるわけです．

定常状態の解を求めるということ

これから，この定常状態の解を，いろいろなポテンシャル →p.50 の場合について求めていきます．その中で，ポテンシャル，ひいては境界条件の違いが定常状態を決定し，そしてそれらの定常状態に対応するエネルギー固有値（**エネルギー準位**）が決まってくることが見てとれるでしょう．

エネルギー準位の離散化などという事態も自然に出てきますから楽しみに待っていてください．

しばらくは空間が 1 次元の場合だけをとり扱うことにする．

1 次元だけって，直線だけっていうことですよね．

1 次元を侮るなよ．基本的な場合じゃが，個々の物理系の特徴を波動関数に対する条件によってどう特定するかを見ることができるのじゃ．

7.2

時間に依存しないシュレーディンガー方程式を作る——変数分離

時間に依存する方程式と依存しない方程式

今まで出てきた1次元のシュレーディンガー方程式

$$i\hbar \frac{\partial}{\partial t}\Psi(x,t) = -\frac{\hbar^2}{2m}\frac{\partial^2}{\partial x^2}\Psi(x,t) + V(x)\Psi(x,t) \qquad ②$$

と,それを見やすくするために,ハミルトニアン作用素$\hat{H}$を使って表記した

$$i\hbar \frac{\partial}{\partial t}\Psi(x,t) = \hat{H}\Psi(x,t)$$

は,変数が空間変数xと時間変数tなので,**時間に依存するシュレーディンガー方程式**とよぶことがあります.この偏微分方程式から**変数分離法**という手法によって,**時間に依存しないシュレーディンガー方程式**とよばれる,

$$-\frac{\hbar^2}{2m}\frac{\mathrm{d}^2}{\mathrm{d}x^2}\Psi(x) + V(x)\Psi(x) = E\Psi(x) \qquad ③$$

すなわち $\hat{H}\Psi(x) = E\Psi(x)$

ハミルトニアン作用素　解となる波動関数　エネルギーの値

を導出できます.この式③は,変数がxだけになっていますので,偏微分方程式ではなく,常微分方程式で

式③はハミルトニアン作用素の固有値問題という形の方程式である.Step3 の固有値問題の説明を思い出すのじゃ →p.84.

す．定常状態のエネルギー準位や波動関数を計算するには，これを解くのです．Eは，ハミルトニアン作用素の固有値となる数値で，物理的にはエネルギーの値を表します．そして，そのエネルギーをもつ定常状態を表しているのが，解になる波動関数 $\Psi(x)$ です．

それでは，「時間に依存するシュレーディンガー方程式」から，変数分離法という手法によって「時間に依存しないシュレーディンガー方程式」を導き出してみましょう．

変数分離とは

変数分離法を実行するためには，まず，

$$\Psi(x,t) = X(x) \cdot T(t) \qquad ④$$

という解の形を仮定します．式①で見たように，この形の解は，$X(x)$ という空間分布の形を保ったまま，空間の各点で一斉に $T(t)$ という時間変化をする定常状態を表しているからです．

変数 x だけの関数 $X(x)$ と変数 t だけの関数 $T(t)$ の積になっているということを仮定するので，「変数を分ける」という意味で**変数分離法**といいます．

ただし，このことは，シュレーディンガー方程式の解が，変数分離された形に限るといっているわけではありません．変数分離解は複数得られるのが一般ですから，それらを線形結合という形で組み合わせれば，線形微分方程式の場合だと一般解が得られるのです．ま

シュレーディンガー方程式のような線形微分方程式では，Step2で見たように，複数の解があったとき，それらの線形結合もまた解になる．これを重ね合わせの原理といったな．だから，変数分離解 $X(x) \cdot T(t)$ が複数得られた場合，その線形結合（重ね合わせ）である

$$\Psi(x,t) = \sum_n c_n X_n(x) T_n(t)$$

も解となるのじゃ．この形の解は一般に変数分離形ではないぞ．

ずは変数分離形の解を探し，次に，それを組み合わせて，もし必要なら変数分離になっていない解もフーリエ展開という手法で変数分離解から組み立てようという，要素還元論的な戦略です．

物理では，空間的にある関数の形になっている分布が，一斉に周期的振動すなわち $e^{-i\omega t}$ という因子で振動することを定常状態といいます．つまり，式④で，

$$T(t) = e^{-i\omega t} \quad ⑤$$

としたものが，定常状態を表すわけです．その物理的に重要な形の解を探すのが先決であるといえます．

定常状態が定まらなければ，その先の重ね合わせになっている解を求めるステップに進めないんだな．

変数分離は特殊な場合である

だが実は，$\Psi(x,t)$ が，もし変数分離された形をしていたとする場合，それは非常に特殊な事態なのじゃ．

$\Psi(x,t)$ の一般の形は，図 7-1 a に示すようなものです（ただし関数値は実数であるとして描いてあります）．一方，図 7-1 b が変数分離になっている形です．

図 7-1 b では，時刻 t が一定である瞬間 t_0 の空間的分布 $\Psi(x,t_0)$ は，t_0 をどの瞬間に移しても相似形です．同様に空間的位置 x_0 をどこにとっても，その位置での $\Psi(x_0,t)$ の時間 t の経過による変化も相似形です．

しかし図 7-1 a では，たとえば時刻 t_0 を変えると，空間的姿態は相似形ではなく，まったく違ったものになります．

このように変数分離とはかなり強い制限をつけるものなのです．

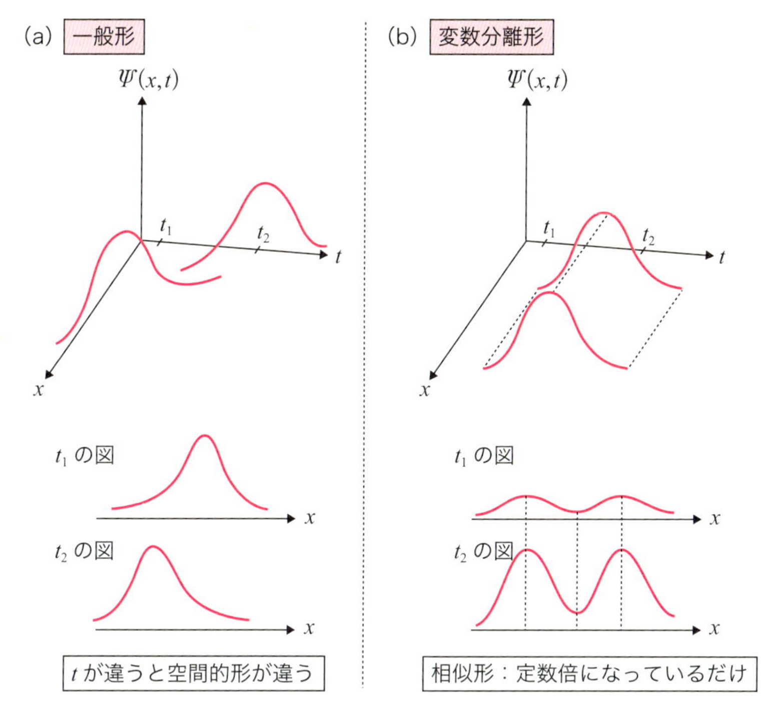

図 7-1　**一般形と変数分離形**

時間に依存しないシュレーディンガー方程式を導く

それでは，これから時間に依存しないシュレーディンガー方程式を導き出していくぞ．

まずは，変数分離した式④を，時間に依存するシュレーディンガー方程式①に代入してみましょう．

$$i\hbar\frac{\partial}{\partial t}\{X(x)\cdot T(t)\} = -\frac{\hbar^2}{2m}\frac{\partial^2}{\partial x^2}\{X(x)\cdot T(t)\} + V(x)\{X(x)\cdot T(t)\}$$

t による偏微分は，t に依存する部分 $T(t)$ のみに作用し，同様に x による偏微分は $X(x)$ のみに作用するので，作用しない部分は前に出して，

$$i\hbar X(x)\frac{\partial}{\partial t}T(t) = -\frac{\hbar^2}{2m}T(t)\frac{\partial^2}{\partial x^2}X(x) + V(x)\{X(x)\cdot T(t)\}$$

と書けます．両辺を $X(x)\cdot T(t)$ で割ってやると，

$$i\hbar\frac{1}{T(t)}\frac{\mathrm{d}T(t)}{\mathrm{d}t} = -\frac{\hbar^2}{2m}\frac{1}{X(x)}\frac{\mathrm{d}^2X(x)}{\mathrm{d}x^2} + V(x)$$

です．ただし，偏微分記号は，作用する相手がその変数だけの関数になってしまっているので，常微分の記号に変えました．

この等式は，左辺は t だけの関数で，x には依存しません．また右辺は逆に x だけの関数で，t に依存しません．x と t が独立に変わってもこの等号が成立するためには，右辺も左辺もある定数 E に等しいということになっていなければなりません．すなわち，

$$i\hbar\frac{1}{T(t)}\frac{\mathrm{d}T(t)}{\mathrm{d}t} = -\frac{\hbar^2}{2m}\frac{1}{X(x)}\frac{\mathrm{d}^2X(x)}{\mathrm{d}x^2} + V(x) = E \qquad ⑥$$

となるのです．書き換えれば，次の 2 つの常微分方程式になります．

$$i\hbar\frac{\mathrm{d}T(t)}{\mathrm{d}t} = ET(t) \qquad ⑦$$

$$\left\{-\frac{\hbar^2}{2m}\frac{\mathrm{d}^2}{\mathrm{d}x^2} + V(x)\right\}X(x) = EX(x) \qquad ⑧$$

両式とも Step3 で学んだ**固有値問題**の形になっていることがわかるでしょうか．式⑦⑧に現れている E は，式⑥の E と同じものですから，もちろん同じ値になることに注意してください．

1 つめの式⑦に，次の式⑨

$$T(t) = \mathrm{e}^{\frac{E}{i\hbar}t} \qquad ⑨$$

を代入してみると，

$$i\hbar\frac{\mathrm{d}}{\mathrm{d}t}T(t)=i\hbar\frac{\mathrm{d}}{\mathrm{d}t}\mathrm{e}^{\frac{E}{i\hbar}t}=i\hbar\frac{E}{i\hbar}\mathrm{e}^{\frac{E}{i\hbar}t}=E\mathrm{e}^{\frac{E}{i\hbar}t}=ET(t)$$

となり，式⑨が式⑦の解になっていることがわかります．式⑨と式⑤ $T(t)=\mathrm{e}^{-i\omega t}$ とを見比べると，

$$\frac{Et}{i\hbar}=-i\omega t \qquad \therefore \quad \hbar\omega=E \qquad ⑩$$

であることがわかります．しかし，これは，Step5 で出てきた，エネルギー E と角周波数 ω の間のアインシュタインの関係式であり，すでにわかっていたことですね →p.112.

残った 2 つめの式⑧こそが，求めようとしている「時間に依存しないシュレーディンガー方程式」なのです． $X(x)$ という記号を波動関数に対して普通用いられる $\Psi(x)$ に戻せば，Step1 でも最初に紹介した式③

$$-\frac{\hbar^2}{2m}\frac{\mathrm{d}^2}{\mathrm{d}x^2}\Psi(x)+V(x)\Psi(x)=E\Psi(x) \qquad ③$$

が得られます．

さあ，方程式はできた！　このあと Step7 〜 10 でいくつかのモデルをとり上げるが，それぞれのモデルを規定する境界条件と $V(x)$ があるので，それに即して方程式を解いていくわけじゃ．

方程式を解くと，そのモデルで表現される物理系がとりうるエネルギー準位 E が固有値として決定されますね．

そうじゃ．そのエネルギー準位に対応した固有関数 $\Psi(x)$ も同時に決まる．その絶対値の 2 乗が電子の位置分布を表すぞ．

7.3

波動関数の値と微分は連続でなくてはならない

あるモデルについてのシュレーディンガー方程式の解を求めるには，そのモデルを規定する境界条件を満たす関数から特定していくという作戦をとるのだ．

境界条件がポイントなのですね．

そうじゃ．境界条件の要求には，**波動関数値の連続**（跳びがない）と**波動関数の微分の連続**（折れ曲がらない）ということがある．

うーん，それって具体的にどういうことですか？

波動関数は遠方でゼロになり，そしてその微分とともに有界でなければならない．また連続で微分可能，そして有限のポテンシャルの跳びがあるところでも微分が連続でなければならない……ということじゃ．

うーん，言葉だけではわかりません．

そうだな．実は，p.122 などで出てきた $-\infty$ 〜 $+\infty$ という形の急減少関数はこれらすべてを満たしているのじゃ．その理由を，大所高所からの見解ではなく，具体的問題レベルで説明しよう．

流体の連続から類推して考える

「連続でなくてはならない」ということは，流体力学から類推して考えるとイメージしやすいと思います．

量子力学では，Step4 で説明した時間発展のユニタリ性から，確率の保存が成り立たなければならなかったことを思い出してください．それが，**流体力学の質量保存則**に相当するのです．

量子力学では，確率密度は次のように表せます．

$$\rho(x,t) = |\Psi(x,t)|^2 \quad ⑪$$

一方，流体の質量流れ密度に対応するのは，

$$j(x,t) = -\frac{i\hbar}{2m}\left\{\Psi^*(x,t)\frac{\partial}{\partial x}\Psi(x,t) - \Psi(x,t)\frac{\partial}{\partial x}\Psi^*(x,t)\right\}$$

$$= \frac{1}{m}\mathrm{Re}\left\{\Psi^*\left(-i\hbar\frac{\partial \Psi}{\partial x}\right)\right\} \quad ⑫$$

で，定義される確率の流れ密度になります．ただし，Re は複素数の実数部分を表します．j は，電子の電荷 e を掛けてやれば電流密度，すなわち電子の流れ密度になります．

さんぽ道　連続の方程式

流体力学で連続の方程式とよばれる

$$\frac{\partial \rho}{\partial t} + \mathrm{div}(\rho\vec{v}) = \sigma$$

という方程式があります．ここで，ρ は流体の密度（式⑪の確率密度を表す ρ とは別のもの），$\vec{v}$ は流体の速度ベクトルです．div という記号は，ベクトル場から，その流出（あるいは流入）量を計算する作用素で，空間微分の組み合わせになっています．右辺の σ は流体の沸きだしの分布を表しています．この式は，流体の質量保存則を意味していて，輸送方程式ともよばれます．このたぐいの事柄は，電磁気学でも電荷保存則として現れます．

式⑪と式⑫の2つを用いて計算すると確率の保存則は，1次元の場合，

$$\frac{\partial \rho}{\partial t} + \frac{\partial}{\partial x} j = 0 \qquad ⑬$$

というように，量子力学の確率密度と，量子力学の確率流れ密度の関係式で表すことができます．

確率の流れ密度 j は，「確率の保存則」から，もちろんポテンシャルの境界で連続でなければなりませんよね．そうだとすると，式⑬より，波動関数 Ψ の関数値と微分も連続でなければならないことがわかります．

シュレーディンガー方程式の積分から考える

このことは，直接にシュレーディンガー方程式からもわかるぞ．

空間のある1点 $x = a$ での波動関数の接続についてどのような要求が必要でしょうか．時間に依存しないシュレーディンガー方程式を，

$$\frac{\mathrm{d}^2 \Psi}{\mathrm{d}x^2} = \frac{2m}{\hbar^2}\{V(x) - E\}$$

と書き，$a - \Delta x \leq x \leq a + \Delta x$ の区間で積分すると，次のようになります．

$$\int_{a-\Delta x}^{a+\Delta x} \frac{\mathrm{d}^2 \Psi}{\mathrm{d}x^2} \mathrm{d}x = \left[\frac{\mathrm{d}\Psi}{\mathrm{d}x}\right]_{x=a+\Delta x} - \left[\frac{\mathrm{d}\Psi}{\mathrm{d}x}\right]_{x=a-\Delta x} = \frac{2m}{\hbar^2}\int_{a-\Delta x}^{a+\Delta x} \{V(x) - E\}\mathrm{d}x$$

まん中の項が波動関数の微分の跳びです（図7-2）．右辺を見ればわかる

さんぽ道　波動関数が複素数である別の理由

式⑫の1つ目の式を見ると，波動関数 Ψ が実数であると，j がゼロになりますので，すなわち電流がゼロになってしまうことがわかります．だから，電荷を運んでいる状態は，複素数でないと表しえないのです．これも Step 5 で説明した波動関数が複素数でなければならないことの別の説明です．

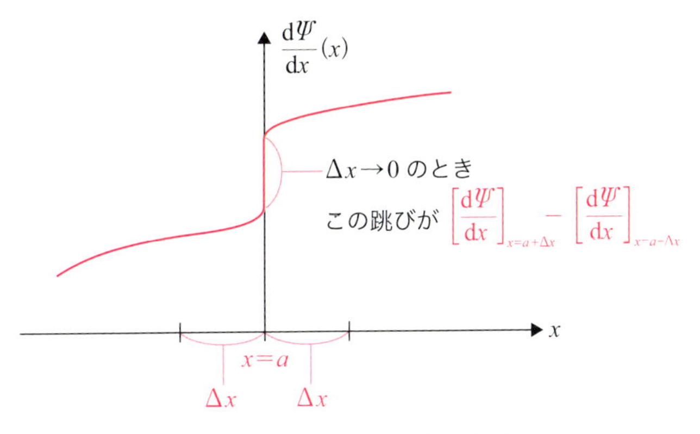

図 7-2　**波動関数の微分の跳び**

ように，この微分の跳びは，$\Delta x \to 0$ ではゼロになります〔$V(x)$ の $x=a$ での跳びが有限のとき〕. 微分の跳びがゼロということから，波動関数の微分は連続でなくてはならないことがわかります．同様にもう 1 回積分することにより，波動関数自身も連続でなくてはならないことが示されます．

7.4 無限井戸型ポテンシャルのシュレーディンガー方程式を解く

まず数学的とり扱いがやさしいものから見ていくぞ．境界条件のとり扱いが，古典的な弦の振動と同じ考え方になる例じゃ．

無限井戸型ポテンシャルのモデル

無限井戸型ポテンシャルというのは，図 7-3 のように，ある区間だけポテンシャルがゼロで，それ以外の領域では，ポテンシャルが無限大というモデルです．ポテンシャルが無限大ということは，その領域では粒子がまったく発見されないということをいい換えており，波動関数の値はゼロ

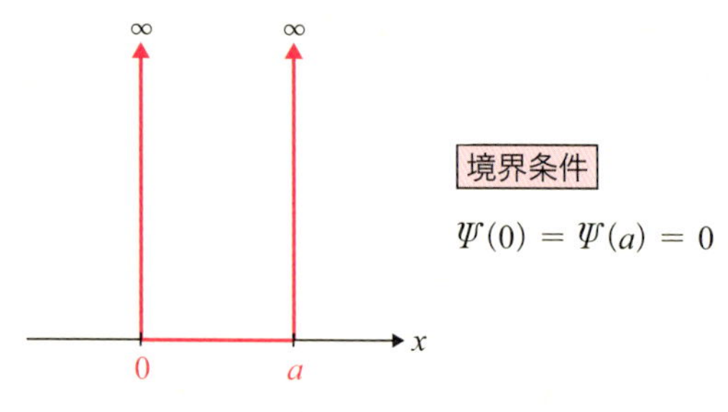

図 7-3　**無限井戸型ポテンシャル**

になります．このモデルは，ポテンシャルがゼロの区間内に閉じ込められた電子を表します．区間の両端で固定された弦の振動と似た状態です．

$$V(x) = \begin{cases} \infty \quad , \quad x \geq a \quad \text{または} \quad x \leq 0 \\ 0 \quad , \quad 0 < x < a \end{cases}$$

この形のポテンシャルの下での，波動関数に対する境界条件は，

$$\Psi(0) = 0 \qquad , \qquad \Psi(a) = 0$$

です．

$0 < x < a$ の領域では，シュレーディンガー方程式は，p.161 の式③で $V(x) = 0$ とした式ですので，

$$\frac{\mathrm{d}^2}{\mathrm{d}x^2}\Psi(x) = -\frac{2mE}{\hbar^2}\Psi(x) \tag{14}$$

という形です．2 階の定数係数線形微分方程式ですから，2 つの独立な基本解の線形結合が一般解になります．

さんぽ道　箱の中の粒子

ポテンシャルが有限の井戸だと，波動関数は井戸の壁に侵入できます．しかし，ポテンシャルが無限の井戸では，壁の中に侵入することはできません．これは（3 次元の言葉でいうと）箱の中に跳び込められた粒子の運動に相当するので，このモデルを「箱の中の粒子」とよぶこともあります．

一般解を探す

実は1次元の束縛状態（エネルギーが無限遠での値より小さい状態）では，エネルギー固有値は**離散固有値**です．縮退がなく（すなわち1つのエネルギー準位には1つの基本解しか対応しない），また波動関数は実数で表せることがわかっています．

そこで，先の式⑭を満たす関数 $\Psi(x)$ を思い浮かべてみると，$\sin kx$ または $\cos kx$ という関数が当てはまることに気がつきましたか．

$$\Psi_1(x) = \sin kx$$

$$\frac{\mathrm{d}}{\mathrm{d}x}\Psi_1(x) = k\cos kx$$

$$\frac{\mathrm{d}^2}{\mathrm{d}x^2}\Psi_1(x) = -k^2 \sin kx$$

常微分方程式の一般論より，2階定数係数線形微分方程式には2つの独立な基本解がある．

$$a\frac{\mathrm{d}^2}{\mathrm{d}x^2}\Psi(x)+b\frac{\mathrm{d}}{\mathrm{d}x}\Psi(x)+c\Psi(x) = 0$$

という微分方程式を考えたとき，$\Psi(x) = \mathrm{e}^{\lambda x}$（ただし λ は複素数）として代入すると

$$(a\lambda^2 + b\lambda + c)\Psi(x) = 0$$

が得られる．「$\Psi(x) \equiv 0$ ではない」とすると，

$$a\lambda^2 + b\lambda + c = 0$$

となる．したがって

$$\lambda = \frac{-b \pm \sqrt{b^2-4ac}}{2a}$$

となり，下の2つが独立な基本解じゃ．

$$\Psi_1(x) = \mathrm{e}^{\frac{-b+\sqrt{b^2-4ac}}{2a}x}$$

$$\Psi_2(x) = \mathrm{e}^{\frac{-b-\sqrt{b^2-4ac}}{2a}x}$$

一般解はその線形結合で次の形になるぞ．

$$\Psi(x) = c_1\Psi_1(x) + c_2\Psi_2(x)$$

微分の公式より，$\sin kx$ と $\cos kx$ を2回微分すると，関数形は変わらずに $-k^2$ という係数が前に出てくるからな →p.269.

さんぽ道　エネルギーが連続的になる

エネルギーがポテンシャルの∞での値より大きい状態は，粒子が無限遠まで運動できる状態です．その場合，可能なエネルギーの値は連続的になります．それを連続固有値といいます．

$$\Psi_2(x) = \cos kx \quad , \quad \frac{\mathrm{d}}{\mathrm{d}x}\Psi_2(x) = -k\sin kx \quad , \quad \frac{\mathrm{d}^2}{\mathrm{d}x^2}\Psi_2(x) = -k^2\cos kx$$

式⑭より，$-k^2 = -\dfrac{2mE}{\hbar^2}$　なので

$$\therefore \quad k = \sqrt{\frac{2mE}{\hbar^2}} \qquad ⑮$$

となります．一般解を形式的に書き下してみると，

$$\Psi(x) = A\sin kx + B\cos kx \qquad ⑯$$

ということになりますが，境界条件が E の値に対して制限を与えているので，この波動関数は境界条件を満たさなくてはなりません．

境界条件に従って解を特定する

それでは，式⑯の係数 A，B を境界条件に合うように決めていくぞ．

領域外では $\Psi(x) = 0$ であり，7.3 節で見たように波動関数値が連続にならなくてはいけませんから，$x = 0$ と $x = a$ で，$\Psi(x) = 0$ となるのが条件です．そのためには，

$$B = 0 \quad かつ \quad ka = n\pi, \quad n = 1,\ 2,\ 3\cdots$$

でなくてはなりません．

・第 1 の $B = 0$ は，$x = 0$ のときに cos が 1（sin は 0）になってしまうから必要な条件です．

・第 2 の $ka = n\pi$，$n = 1,\ 2,\ 3\cdots$ は，

$$\Psi(a) = A\sin ka = 0$$

という要請から，sin の値がゼロになるためには，その引数が π の整数倍でなくてはならないから必要な条件です．

したがってエネルギー固有値 E と a の関係は式⑮と $ka = n\pi$ より

$$E_n = \frac{\hbar^2}{2m}\left(\frac{n\pi}{a}\right)^2 \quad ⑰$$

となり，境界条件によって可能な E の値が選び出されている様子がよくわかります（図 7-4）．

係数 A は規格化条件から決まります．

$$\int_0^a |\Psi_n(x)|^2 \mathrm{d}x = |A|^2 \int_0^a \sin^2 \frac{n\pi}{a} x \,\mathrm{d}x = 1$$

$$\therefore \quad A = \sqrt{\frac{2}{a}}$$

こうして固有状態を表す波動関数のほうは，

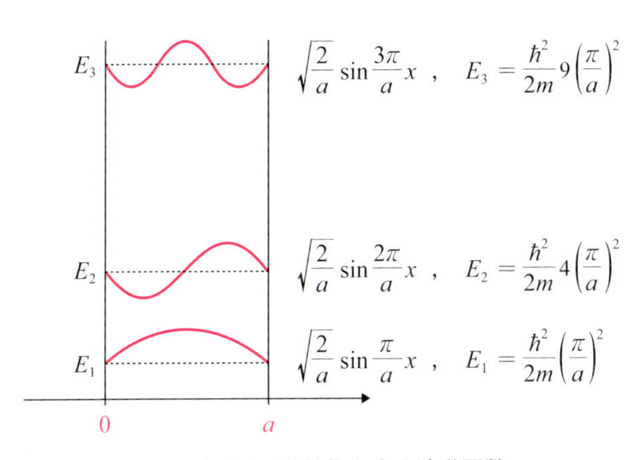

図 7-4　**固有状態を表す波動関数**

$$\Psi_n(x) = \sqrt{\frac{2}{a}} \sin \frac{n\pi}{a} x \qquad ⑱$$

となります．この式の形は，古典力学での両端固定弦の振動とまったく同じ式になっています(図7-4)．これで固有値と固有関数が求まり，シュレー

さんぽ道　境界条件から考える別のやり方

上で見たようなシュレーディンガー方程式のすでにある解の集合から，境界条件をつけてその部分集合を選び出すというやり方ではなく，シュレーディンガー方程式に従って，x 軸方向に $x = 0$ から $x = a$ に向かって，解を近傍ごとにつないで作成していくと考えることにします．下の図を見てください．出発点から右の方向に移動することにより，局所法則であるシュレーディンガー方程式に支配されて波動関数の関数値は順次変化していきます．どんどん移動していって終着点でも，出発点と同じ波動関数の値 0 にならなければならないというのが境界条件の要求です．でも，そんなにうまく的〔$\Psi(a) = 0$ という値〕に的中するでしょうか．

移動中の波動関数値の変化は E の値に依存します．つまり運動コースが E によって調整されるのです．しかし，ある特定に調整された E の値でなくては $\Psi(a) = 0$ に的中しません．ここで，的中するコースは 1 通りではありません．1 回振動して（半回といったほうが正確ですが）的中，2 回振動して的中，……n 回振動して的中……とたくさんあります．それに応じて的中するための E の調整も異なりますから，E_n と書くことになるわけです．それ以外の E の値だと的中しない，いい換えると境界条件を満たすことができず，この問題の解としては不可なのです．

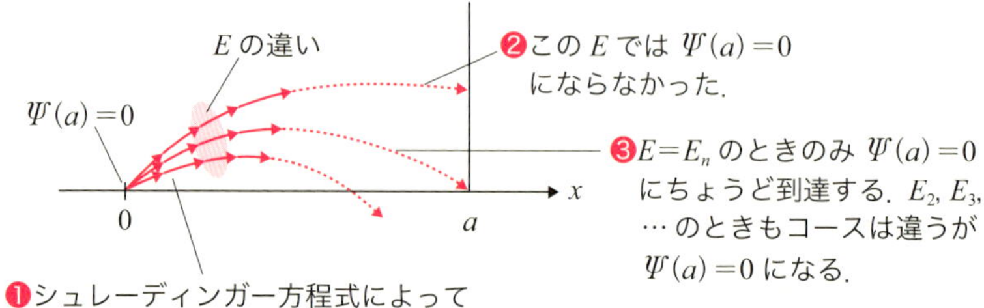

ディンガー方程式が解けたことになります.

こうして，無限井戸型ポテンシャルの中では，とりうるエネルギーの値が，式⑰のように離散化され，それ以外のエネルギーの値の定常状態は存在できないということがわかったな.

そして，図 7-4 に示したように，それぞれのエネルギー準位に対応する波動関数（2 乗が電子の存在確率）もわかりました.

古典力学とはまったく違って，井戸の中央付近でも電子のいない場所があるじゃろ.「波動の干渉」という現象が見てとれるのだ.

7.5 井戸型ポテンシャル（$E < V_0$ の束縛状態）モデルのシュレーディンガー方程式を解く

次は，無限井戸型ポテンシャルのモデルから，ポテンシャルの高さが無限大という条件を外すのですね.

「ポテンシャルが無限だから波動関数が井戸の外にしみ出さない」っていう理想化を外すと，ちょっと難しくなるぞ.

井戸型ポテンシャルとは

井戸型ポテンシャルを式で表すと次のようになります（図 7-5）.

$$V(x) = \begin{cases} V_0\ , & |x| \geq a \qquad \text{＜領域 I，III＞} \\ 0\ , & |x| < a \qquad \text{＜領域 II＞} \end{cases}$$

このモデルで，境界条件を考えなければならないのは，領域 I，II，III の

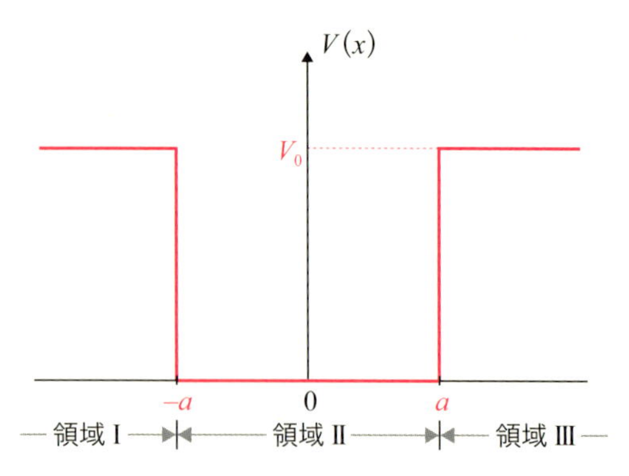

図 7-5　**井戸型ポテンシャルのモデル**

境界になっている $x = \pm a$ の点です．ポテンシャルの跳びは，有限の V_0 という値ですから，7.3 節で説明したように，境界では波動関数の値とその微分が連続でなければならないということになります．

> 無限井戸型ポテンシャルでは，領域の境界で波動関数の値は，波動関数が領域外にしみ出さないという要請からゼロにしなくてはならなかった．波動関数の微分には跳びが生じたが，これはポテンシャルの跳びが無限大だったからじゃ．しかし今度は，ポテンシャルの跳びが有限な場合にあたるので，波動関数の値とその微分が連続でなくてはいけないのだ．

井戸型ポテンシャルのシュレーディンガー方程式と一般解

3 つの領域ごとにシュレーディンガー方程式を書いてみると，

＜領域 I，III＞

$$-\frac{\hbar^2}{2m}\frac{\mathrm{d}^2}{\mathrm{d}x^2}\Psi(x) + V_0\Psi(x) = E\Psi(x)$$

＜領域 II＞

$$-\frac{\hbar^2}{2m}\frac{\mathrm{d}^2}{\mathrm{d}x^2}\Psi(x) = E\Psi(x)$$

となります．領域 II ではポテンシャルエネルギーの項はありません．

ここで，式を簡単にするために，

$$k = \sqrt{\frac{2mE}{\hbar^2}} \quad , \quad \xi = \sqrt{\frac{2m(V_0 - E)}{\hbar^2}}$$

と書くと，上の式を，

＜領域Ⅰ，Ⅲ＞ $$\frac{d^2}{dx^2}\Psi(x) = \xi^2\Psi(x)$$

＜領域Ⅱ＞ $$\frac{d^2}{dx^2}\Psi(x) = -k^2\Psi(x)$$

とすっきりした形に書き換えることができます．

領域Ⅰ，Ⅲについては，2階微分すると元の形になって，係数 ξ^2 が付くわけですから $e^{\xi x}$ が基本解の1つです．もう1つは $e^{-\xi x}$ です．2階定数係数線形微分方程式の一般論から一般解は，c_1，c_2 を任意係数として，

$$\Psi_{I,III}(x) = c_1 e^{\xi x} + c_2 e^{-\xi x} \qquad ⑲$$

となります →p.29．

領域Ⅱでも一般解が2つの独立な基本解の線形結合であることは同様ですが，方程式の右辺にマイナスが付いているので，2回微分すると元の形に戻るが符号が変わる関数，sin と cos が解になります．B，C を任意係数として，次のようになります．

$$\Psi_{II}(x) = B\sin kx + C\cos kx \qquad ⑳$$

Ⅰ，Ⅲの領域では，波動関数の有界性から次のようになります．

$$\Psi_I(x) = Ae^{\xi x} \qquad ㉑$$

$$\Psi_{III}(x) = De^{-\xi x} \qquad ㉒$$

ここに現れている4個の係数 A，B，C，D とエネルギー固有値 E を，

波動関数が無限大になると規格化ができなくなるので，必ず有限の値でなくてはならぬ．左側の領域 I では，$-\infty$ の方に向かって減少していく関数でなければならないので，$e^{-\xi x}$ は不可で，$e^{\xi x}$ のみが可能な解じゃ．一方，領域 III では，∞ のほうに向かって関数値が増大していく $e^{\xi x}$ は不可で，$e^{-\xi x}$ のみが可能な解なのだ．

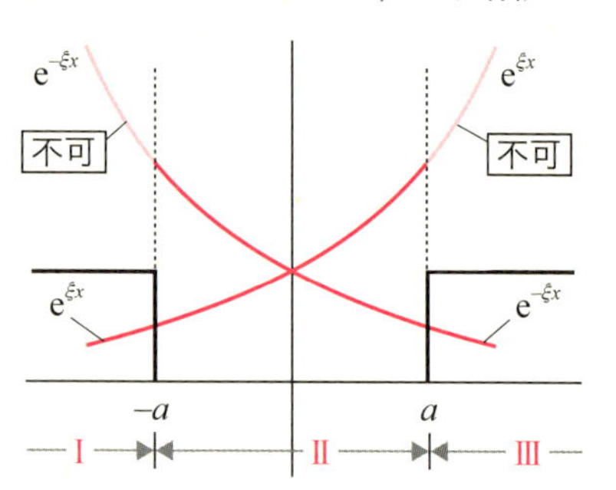

境界条件から定めます．境界条件は 2 カ所の接続点で，波動関数とその微分が連続ということなので，4 個の拘束条件となります．それに加えて規格化条件が 1 個あるので，計 5 個の条件があることになります．

境界条件に従って解を特定する

・$x = -a$ での接続条件

$$\Psi_{\mathrm{I}}(-a) = \Psi_{\mathrm{II}}(-a) \quad , \quad \Psi_{\mathrm{I}}'(-a) = \Psi_{\mathrm{II}}'(-a) \text{〈微分〉}$$

・$x = a$ での接続条件

$$\Psi_{\mathrm{II}}(a) = \Psi_{\mathrm{III}}(a) \quad , \quad \Psi_{\mathrm{II}}'(a) = \Psi_{\mathrm{III}}'(a) \text{〈微分〉}$$

上の接続条件と，式⑲〜㉒を用いて具体的に書き下せば，

$$\Psi_{\mathrm{I}}(-a) = Ae^{-\xi a} = \Psi_{\mathrm{II}}(-a) = -B\sin ka + C\cos ka$$

$$\Psi_{\mathrm{I}}'(-a) = A\xi e^{-\xi a} = \Psi_{\mathrm{II}}'(-a) = Bk\cos ka + Ck\sin ka$$

$$\Psi_{\mathrm{II}}(a) = B\sin ka + C\cos ka = \Psi_{\mathrm{III}}(a) = De^{-\xi a}$$

$$\Psi_{\mathrm{II}}'(a) = Bk\cos ka - Ck\sin ka = \Psi_{\mathrm{III}}'(a) = -D\xi e^{-\xi a}$$

となります．これらの式を整理すると，

$$B(k\cos ka + \xi\sin ka) = 0$$
$$C(k\sin ka - \xi\cos ka) = 0$$

を得ます．この2式が同時に成立するためには，

・Case1　$B \neq 0,\ C = 0$ で　$\xi = -k\cot ka$

　　このとき領域Ⅱで　$\Psi_{\mathrm{II}}(x) = B\sin kx$　＜奇関数状態＞

・Case2　$C \neq 0,\ B = 0$ で　$\xi = k\tan ka$

　　このとき領域Ⅱで　$\Psi_{\mathrm{II}}(x) = C\cos kx$　＜偶関数状態＞

の，どちらか一方が成り立たなければなりません．ここで，

$$k = \sqrt{\frac{2mE}{\hbar^2}}$$

$$\xi = \sqrt{\frac{2m(V_0 - E)}{\hbar^2}}$$

でしたので，

$$\xi^2 + k^2 = \frac{2mV_0}{\hbar^2}$$

が成立しています．この関係を，偶関数の場合，

$$\xi a = ka\tan ka$$

$$(\xi a)^2 + (ka)^2 = \frac{2mV_0 a^2}{\hbar^2}$$

奇関数とは，$f(-x) = f(x)$となる関数．偶関数とは，$f(-x) = -f(x)$となる関数のことをいうぞ．

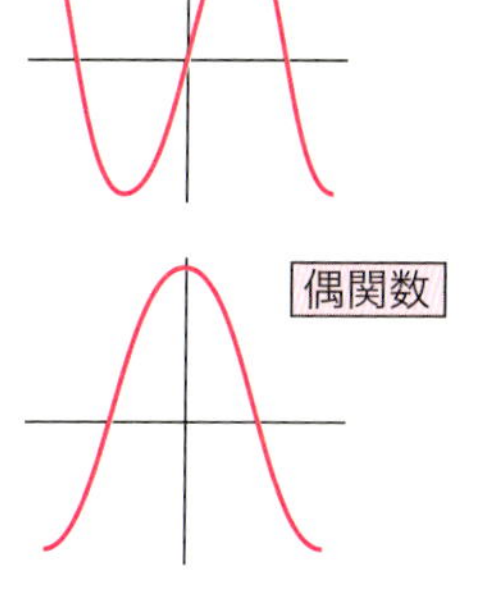

つまり，そのグラフが原点について点対称なのが奇関数，$x = 0$（y軸）について線対称なのが偶関数じゃ．

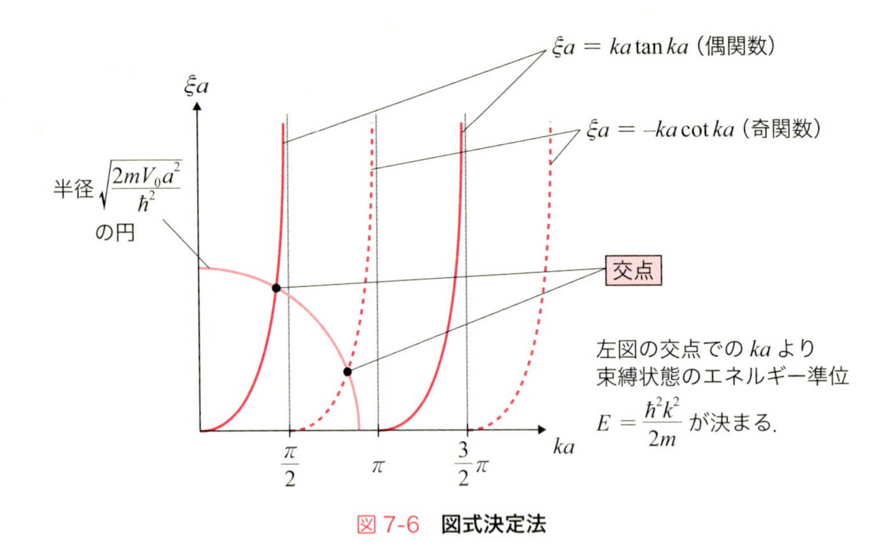

図 7-6　**図式決定法**

奇関数の場合,

$$\xi a = -ka\cot ka \quad , \quad (\xi a)^2 + (ka)^2 = \frac{2mV_0a^2}{\hbar^2}$$

と書いて，図解的に解の可能性を求めてみましょう（図 7-6）.

図 7-6 では，黒丸で表されている交点が 2 つ存在する，すなわち，有限ポテンシャル井戸での束縛状態が 2 つの場合です．井戸の深さ V_0 が大きくなると $\sqrt{\frac{2mV_0a^2}{\hbar^2}}$ が変わって円の半径が大きくなり，たとえば V_0 がこれより大きくなると交点の数が増えて，束縛状態の数も増えます．井戸の中では，エネルギーが離散化するのはもちろんのこと，井戸の深さ V_0 が深くなると束縛状態の数が増えていくわけです（図 7-7）.

さんぽ道　$E > V_0$ の場合

本書では $E < V_0$ という制限を設けて $E > V_0$ の場合を割愛していますが，ポテンシャルの深さ V_0 より大きなエネルギーをもった電子のエネルギーの値は連続になります.

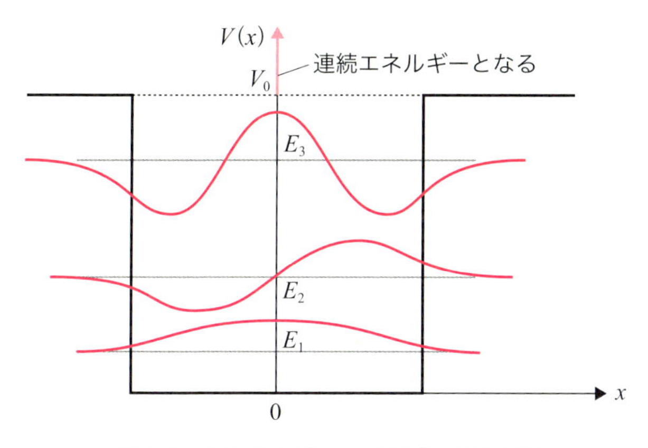

図 7-7　束縛状態が 3 つの場合の波動関数

7.6
階段型ポテンシャルモデルから反射と透過を求める

1 次元自由電子では，全空間でポテンシャルエネルギーは一定（ゼロとする）だったな．こんどはちょっと趣向を変えて，ある位置より右の半空間で，その反対の左側の半空間とポテンシャルの値が異なっているという，一歩進んだ場合を考えてみるぞ．

えーっと，それはどういうことなのか……

具体的にいうと，電子が流れているという状態をとり扱うことになるのじゃ．

階段型ポテンシャルとは

階段型ポテンシャルを式と図で表してみます（図 7-8）．

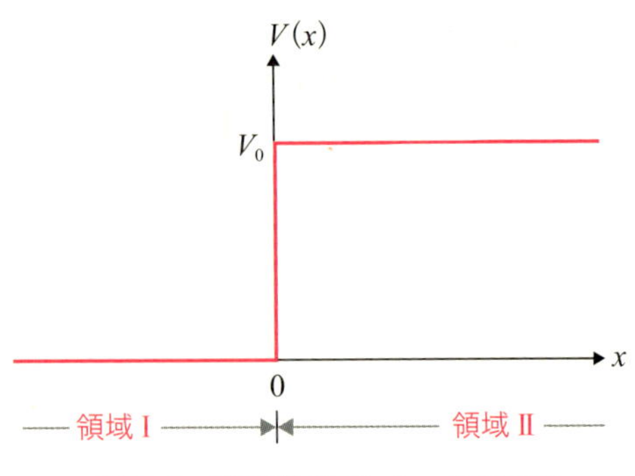

図 7-8　**階段型ポテンシャルモデル**

$$V(x) = \begin{cases} 0, & x < 0 \\ V_0, & x \geq 0 \end{cases}$$

この節で扱うのは，空間的姿態は変わらずにその位置で周期的に変化するだけという定常的な流れを表す状態です．この状態を調べると，量子力学的な粒子が，階段型ポテンシャルにぶつかったときにどうふるまうのか，反射や透過のぐあいはどう記述されるのかがわかります．

電子が流れているということは，波動関数が有限の運動量をもつということ．いい換えると，電子の確率の流れ密度（p.163 の式⑫）が有限になることじゃ．たとえば，e^{ikx} の形は，$p = \frac{k}{\hbar}$ の運動量で電子が流れている状態を表すぞ．

境界条件は，$x = 0$ において，波動関数とその微分が連続ということになります．

それでは，エネルギーの大きさによっていくつかの場合に分けて考えてみます．

Case1「$E > V_0$」のシュレーディンガー方程式

7.5 節の井戸型ポテンシャルの場合と同じように計算をしていくぞ.

シュレーディンガー方程式は,

$$<領域\,\mathrm{I}> \quad -\frac{\hbar^2}{2m}\frac{\mathrm{d}^2}{\mathrm{d}x^2}\Psi_{\mathrm{I}}(x) = E\Psi_{\mathrm{I}}(x)$$

ですから，一般解は，$\xi = \sqrt{\dfrac{2mE}{\hbar^2}}$ として，次のようになります.

$$\Psi_{\mathrm{I}}(x) = A\mathrm{e}^{i\xi x} + B\mathrm{e}^{-i\xi x} \qquad ㉓$$

そして，

$$<領域\,\mathrm{II}> \quad -\frac{\hbar^2}{2m}\frac{\mathrm{d}^2}{\mathrm{d}x^2}\Psi_{\mathrm{II}}(x) + V_0\Psi_{\mathrm{II}}(x) = E\Psi_{\mathrm{II}}(x)$$

なので，一般解は，$\eta = \sqrt{\dfrac{2m(E-V_0)}{\hbar^2}}$ として，次のようになります.

$$\Psi_{\mathrm{II}}(x) = C\mathrm{e}^{i\eta x} + D\mathrm{e}^{-i\eta x} \qquad ㉔$$

x の負の方向から正の方向に向けて，粒子が定常的に入射しているという状態を考えます（図 7-9）.

式㉔で D が掛かっている $\mathrm{e}^{-i\eta x}$ は，右から左へ電子が流れている状態で

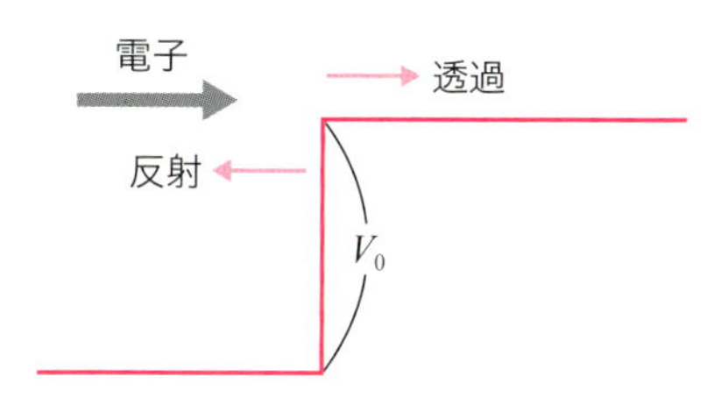

図 7-9　**階段型ポテンシャルと電子の流れ**

すので，この項を排除するために，$D = 0$ となります．$x = 0$ での接続条件から，

$$\langle\text{関数値の連続より}\rangle \qquad A + B = C$$
$$\langle\text{微分の連続より}\rangle \qquad i\xi(A - B) = i\eta C$$

となります．これより，

$$B = \frac{\xi - \eta}{\xi + \eta}A \quad , \quad C = \frac{2\xi}{\xi + \eta}A \qquad ㉕$$

と比が求まり，あとは規格化条件から係数の絶対値が求まります．

Case1「$E > V_0$」での反射率・透過率

まず，ポテンシャルの階段による反射率を求めてみましょう．式㉕より，入射波 A と反射波 B の振幅の比，それと入射波と透過波 C の振幅の比はそれぞれ，次のようになります．

$$\frac{B}{A} = \frac{\xi - \eta}{\xi + \eta} \quad , \quad \frac{C}{A} = \frac{2\xi}{\xi + \eta} \qquad ㉖$$

$\xi > \eta$ ですから，㉖の後者の式を透過率と考えると，その 2 乗（確率）の比は 100％を超えてしまいます．これは $x = 0$ での関数値の接続条件から来るもので当然なのです．領域Ⅰでは，電子は入射波かあるいは反射波のどちらかの形態で発見されるのに，領域Ⅱでは左に進行する形態では発見されないという物理的な因果的問題設定からこうなるのです．ではどうすればよいのでしょうか．

透過率は，入射波を分母にしてそのうちどれだけが透過になっていくのかということです．計算するためには，7.2 節で出てきた式⑫の確率の流れ密度 j を用いる必要があります．やってみましょう．

式⑫に波動関数の形を代入して，

$$j_A = \frac{\hbar}{m}\xi|A|^2 \quad , \quad j_B = -\frac{\hbar}{m}\xi|B|^2 \quad , \quad j_C = \frac{\hbar}{m}\eta|C|^2$$

です．これらから，透過率 T と反射率 R は，

$$T = \frac{|j_C|}{|j_A|} = \frac{\eta|C|^2}{\xi|A|^2} \quad , \quad R = \frac{|j_B|}{|j_A|} = \frac{|B|^2}{|A|^2}$$

となります．式㉖で求めた A，B，C の比を用いて，

$$T = \frac{4\xi\eta}{(\xi+\eta)^2} \quad , \quad R = \frac{(\xi-\eta)^2}{(\xi+\eta)^2}$$

です．当然のことですが，透過率と反射率を合わせれば，

$$T + R = 1$$

となっています．

T が大きく R が小さいなら，そのポテンシャルの階段はないに近く，素通りできる．逆に，T が小さく R が大きいなら，電子にとってそのポテンシャルの階段に乗り上げるのは大変なことになるぞ．

Case2「$E < V_0$」のシュレーディンガー方程式

Case1 とは，領域 I での波動関数は同じ形ですが，領域 II での波動関数の形が異なります．伝播している状態ではなく減衰しながら侵入している状態です．領域 II のシュレーディンガー方程式は，

$$\frac{d^2}{dx^2}\Psi_{\mathrm{II}}(x) = -\frac{2m}{\hbar^2}(E-V_0)\Psi_{\mathrm{II}}(x) = \kappa^2\Psi_{\mathrm{II}}(x)$$

となります．ただし，$\kappa = \sqrt{\dfrac{2m(V_0-E)}{\hbar^2}}$ です．すると，

$$\Psi_{\mathrm{I}}(x) = A\mathrm{e}^{\frac{i\xi x}{\hbar}} + B\mathrm{e}^{-\frac{i\xi x}{\hbar}}$$
$$\Psi_{\mathrm{II}}(x) = C\mathrm{e}^{\kappa x} + D\mathrm{e}^{-\kappa x}$$

と書けます．今度も，$x=0$ で波動関数とその微分が連続という接続条件から考えます．C の項は，$x \to \infty$ のとき，発散しますから，$C=0$ です．さらに，次のようになります．

$$A + B = D$$
$$i\xi(A - B) = -\kappa D$$

これから，

$$\frac{B}{A} = \frac{i\xi + \kappa}{i\xi - \kappa} \quad , \quad \therefore \ |A|^2 = |B|^2$$

が得られます．領域 II の確率の流れ密度は，p.163 の式⑫を用いて，

$$j_{\mathrm{II}} = \mathrm{Re}\left[\Psi_{\mathrm{II}}{}^{*}\frac{\hbar^2}{im}\frac{\mathrm{d}}{\mathrm{d}x}\Psi_{\mathrm{II}}\right] = 0$$

となります．［　　］の中は Ψ_{II} が実数なので純虚数になり，純虚数の実数部分はゼロだからです．

Case3「$E < V_0$」での反射率・透過率

そして，反射率，透過率は，

$$R = 1 \quad , \quad T = 0$$

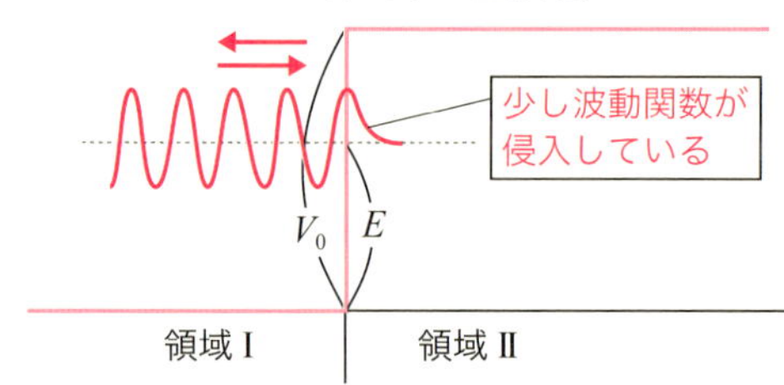

図 7-10　$E < V_0$ の場合の粒子の反射と波動関数の侵入

と計算されます．反射率100％でポテンシャルの境界で全反射が起きていることがわかります．しかし，領域Ⅱの中でも電子の存在確率が有限になっていますが，これは，境界から少し侵入してから戻されると考えればつじつまは合います（図7-10）．

この現象を古典力学的では，「粒子は$x = 0$で完全に反射される」といいます．

7.7 トンネル効果

7.6節の最後で見たように，有限の高さのポテンシャル階段には波動関数が侵入することがわかりました．侵入した波動関数は指数関数的に減少しています．しかし，もしそんなに減少しないうちに，ポテンシャルが元に戻っていたら（すなわちポテンシャル障壁が有限の高さであり，その障壁が薄いと），侵入した波動関数は減衰するものの壁を通り抜けます．そして，その先で再び波動状態になるのです．これを**トンネル効果**といいます．

ポテンシャルの高さが高いときには，侵入できる長さは小さくなり，ほんの少し侵入するだけなので，階段ポテンシャルのような場合は古典的な壁と同じことになります．また，無限の高さならまったく侵入せず，境界での波動関数の値はゼロとなるわけです．

しかし，もしポテンシャルV_0になっている壁の厚さが，侵入できる長さと比較して同じかそれより薄いとき，本来，古典力学的には突き抜けられない壁の向こうでも波動関数の値はゼロではない，すなわち「壁をすり抜ける」ことになり，トンネル効果が発現されるのです（図7-11）．

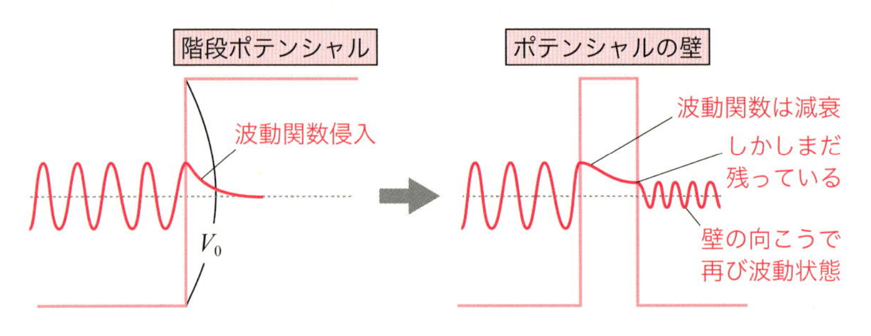

図 7-11　**トンネル効果**

Step 7 で学んだこと

1. 変数分離により定常状態を記述する「時間に依存しないシュレーディンガー方程式」を得た．それはエネルギーを表すハミルトニアン作用素の固有値問題だということを知った．
2. ポテンシャルの境界での，波動関数の満たすべき境界条件からエネルギー固有値が決められていることがわかった．
3. いくつかの 1 次元ポテンシャルモデルを解いて，エネルギー固有値と対応する波動関数を求めた．
4. 実数の波動関数では，電子が流れている状態は表せないことがわかった．
5. 有限のポテンシャルの跳びの場所で波動関数を持続するためには，関数値と微分係数の両方が連続でなくてはならないことがわかった．

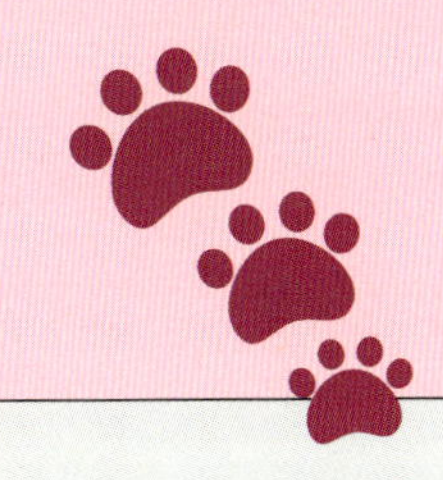

Step 8

周期的ポテンシャルのモデルから物質の電気的性質の理解へ

このStep8では，Step7で考えたことをほんのわずかだけ進めると，現実の問題の答えが出るということを見ていくぞ.

どんな答えが出るのですか？　楽しみです.

電気を通す物質（良導体）と通さない物質（絶縁体），それから通したり通さなかったりする物質（半導体）がある理由がわかるのじゃ.

えーっ！　いきなりそんな具体的な話になるのですか！？

ははは．シュレーディンガー方程式と量子力学が，実際に「役に立つ」ということがわかってもらえると思うぞ.

8.1

周期的なポテンシャルのモデル

これまで，次のようなケースのシュレーディンガー方程式を順に見てきたが，覚えておるか？

1．ポテンシャルの項がない場合（自由電子）
2．無限の深さの井戸型ポテンシャル
3．深さが有限の井戸型ポテンシャル
4．階段型ポテンシャル
5．有限の障壁型ポテンシャル（トンネル効果）

はい！

ここでは，周期的なポテンシャルとよばれる，５の障壁型ポテンシャルが等間隔で繰り返している図 8-1 のようなモデルを考えるぞ．これは，櫛（くし）形に折れ曲がった形のポテンシャルで，現実の結晶内部の構造をごく荒っぽく近似しているんだ．

それがもしかすると……

そう！　このモデルを考えると，固体には絶縁体，良導体，半導体の違いがあることを説明できるのじゃ．

これから考えていく図8-1のような周期的なポテンシャルを**クローニッヒ=ペニーのポテンシャル**といいます．式で表すと，

$$V(x) = \begin{cases} V_0, & -b \leq x \leq 0 \\ 0\ , & 0 < x < a - b \end{cases} \quad ①$$

というブロックが,

$$V(x + na) = V(x) \qquad (\text{ただし } n \text{ は整数})$$

のように，周期 a で左右に無限に繰り返し並んでいるとします．

現実の結晶には必ず表面（境界面）があって，結晶構造が無限に繰り返されるわけではありませんが，極限的状況を考えます．すると，周期的である結晶構造の電気的性質が，簡単な周期的ポテンシャルモデルから説明できるのです．

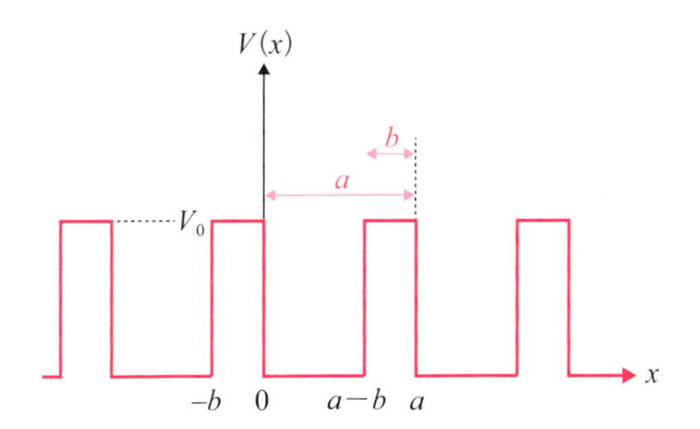

図 8-1　**周期的ポテンシャル（クローニッヒ=ペニーモデル）**

8.2 ブロッホの定理

「ブロッホの定理」の形

周期的ポテンシャルモデルの計算に入る前の準備として「ブロッホの定理」というものを知っておいてほしいのじゃ.

式①のような周期的ポテンシャル中の電子の波動関数には，ある制限が発生します．周期を a としましょう．

周期的ポテンシャルをもつシュレーディンガー方程式は次のように表されます．ポテンシャルは式①の形でなくても，一般の形でかまいません．

$$-\frac{\hbar^2}{2m}\frac{\mathrm{d}^2}{\mathrm{d}x^2}\Psi(x)+V(x)\Psi(x) = E\Psi(x)$$

時間に依存しないシュレーディンガー方程式

ただし $V(x+na) = V(x)$

ポテンシャルの周期

この方程式の解は，

$$\Psi(x+a) = \mathrm{e}^{ika}\Psi(x) \quad ②$$

を満たすものでなければなりません．具体的には，

$$\Psi_k(x) = e^{ikx} u_k(x) \quad ただし \quad u_k(x+a) = u_k(x) \quad ③$$

波数 k の平面波

ポテンシャルの周期 a と同じ周期をもっていて平面波の波数に依存する部分

という形に書けます．これを**ブロッホの定理**といいます．

$\Psi(x)$ は，「波数 k の平面波 e^{ikx}」と，「ポテンシャルと同じ周期 a をもっていて平面波の波数に依存する部分 $u_k(x)$」の積で表されなければならないという定理です．

式② $\Psi(x+a) = e^{ika}\Psi(x)$
からわかるように，
$$\Psi(x+a) = \Psi(x)$$
という周期的な形にはなっておらず，a だけ並進すると，周期関数部分にさらに e^{ika} だけの位相因子が付くということじゃ．

いい換えると，$\Psi(x)$ 自体は必ずしも周期 a をもたなくてもよくて，下の図 8-2 に示すように周期 a のポテンシャルに同期している $u_k(x)$ と，周期 a ではない e^{ikx} の積なのです．

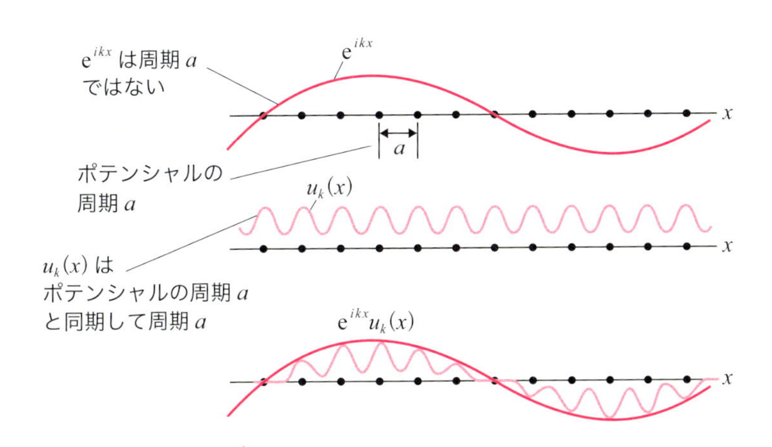

図 8-2 ブロッホの定理（ブロッホ関数）
1 次元のブロッホ関数を実数部分のイメージで示した．

定理が成り立つ理由

次はブロッホの定理が成り立つ理由を教えてくれるのですね．

うむ．ただし，ここでは数学的証明は割愛するぞ．

結晶のサイズは，大きいが無限ではなく，長さの周期 a の N 倍であるとします．そして，その両端は円環状につながっているとします．周期的な構造ですから，電子の密度分布 $|\Psi(x)|^2$ は a だけずらしても同じになっていなくてはなりません．すなわち，次のようになります．

$$|\Psi(x+a)|^2 = |\Psi(x)|^2 \quad ④$$

式④から，

$$|\Psi(x+a)| = |\Psi(x)|$$

だといえます．これは μ を絶対値 1 の複素数として，

$$\Psi(x+a) = \mu\Psi(x)$$

であることを意味します．

結晶サイズは周期 a の N 倍ですので，a だけのずらしを N 回繰り返す

右図のように，$\mu = \mathrm{e}^{i\theta}$ が絶対値 1 の複素数で，この θ が 2π の整数倍（$\theta = \cdots\cdots -4\pi, -2\pi, 0, 2\pi, 4\pi \cdots\cdots$）のとき，$\mu = 1$ となる．複素数 z_1 と z_2 の絶対値が同じということは，$z_1 = \mu z_2$ のとき，$|\mu| = 1$ すなわち $\mu = \mathrm{e}^{i\theta}$（$\theta$ は任意）ということじゃ．

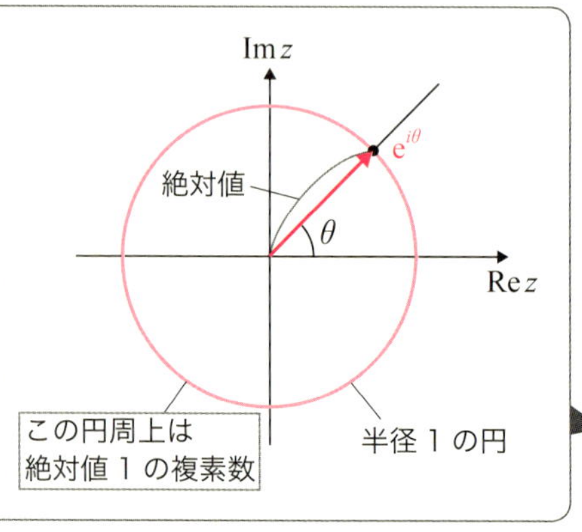

と元に戻ります．よって，$\mu^N = 1$ ですから，μ は次の形になります．

$$\mu^N = e^{i2\pi p} \qquad (\text{ただし } p \text{ は整数})$$

$$\therefore \quad \mu = e^{2\pi \frac{p}{N} i} \qquad ⑤$$

結晶の端から端までの長さは Na です．結晶の両端をつなげて同じ値とする，すなわち同期的境界条件なのですから，$Nak = 2\pi p$ の関係があります．よって，$ka = 2\pi \dfrac{p}{N}$ となって，⑤に代入すると $\mu = e^{ika}$ が得られます．すなわち，

$$\Psi(x + a) = e^{ika}\Psi(x) \qquad ⑥$$

です．この関係を満たすためには，

$$\Psi(x) = e^{ikx}u(x) \qquad ⑦$$

の形であればよいのです．なぜなら，式⑦に $x + a$ の値を入れて変形すると，

$$\Psi(x + a) = e^{ik(x+a)}u(x + a) = e^{ika}\underbrace{e^{ikx}u(x)}_{\Psi(x)} = e^{ika}\Psi(x)$$

となるからです．

つまり，$u(x)$ は，$u(x + a) = u(x)$ となる，すなわち周期が a であれば何でもよいのです．よって，式③で示した次のブロッホの定理

$$\Psi_k(x) = e^{ikx}u_k(x) \quad \text{ただし} \quad u_k(x + a) = u_k(x) \qquad ③$$

が成り立ちます．

周期 a のポテンシャル中電子の波動関数 $\Psi(x)$ は，必ずしも a という周期で周期的である必要はなく，a だけのずれに対して定まった位相因子 e^{ika} が付け加わればよいのです．

8.3

クローニッヒ=ペニーのモデル――エネルギーバンド

クローニッヒ=ペニーのモデルのシュレーディンガー方程式と一般解

それでは，いよいよ式①の**クローニッヒ=ペニーのポテンシャル**の問題を解いてみるぞ.

もう一度，式①を下に書いておこうっと.

$$V(x) = \begin{cases} V_0, & -b \leq x \leq 0 & \text{<第 II 領域>} \\ 0\ , & 0 < x < a-b & \text{<第 I 領域>} \end{cases} \qquad ①$$

領域を 2 つに分けて，$0 < x < a - b$ の部分を第 I 領域とします．$-b \leq x \leq 0$ の部分を第 II 領域とします（図 8-3).

まず，第 I 領域ではポテンシャル $V(x)$ の値が 0 ですから，シュレーディンガー方程式は，

$$-\frac{\hbar^2}{2m}\frac{\mathrm{d}^2}{\mathrm{d}x^2}\Psi(x) = E\Psi(x)$$

すなわち，

$$\frac{\mathrm{d}^2}{\mathrm{d}x^2}\Psi(x) = -\alpha^2\Psi(x) \qquad \text{ただし} \qquad \alpha = \frac{\sqrt{2mE}}{\hbar} \qquad ⑧$$

となっています．これは 2 階の常微分方程式ですから，一般解は 2 つの基本解の線形結合で次のように書けるのでしたね →p.29.

$$\Psi_1(x) = A\mathrm{e}^{i\alpha x} + B\mathrm{e}^{-i\alpha x}$$

それぞれの基本解が解になっていることは，直接シュレーディンガー方

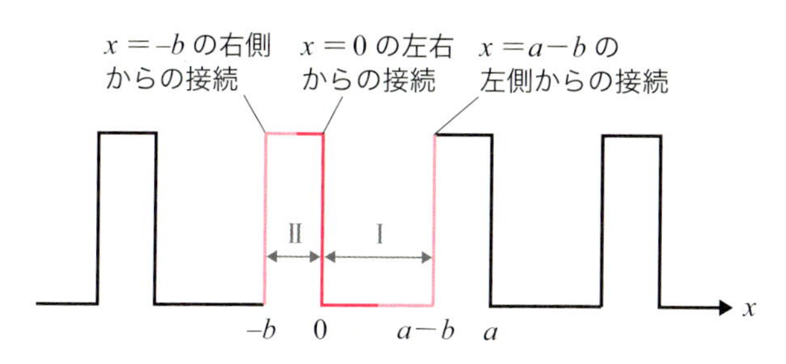

図 8-3　**クローニッヒ=ペニーモデルで考える接続部分**

程式に代入してみれば確かめられますので，各自でやってみてください．

一方，$-b \leq x \leq 0$ の第 II 領域では，$V_0 > E$ の場合，

$$-\frac{\hbar^2}{2m}\frac{\mathrm{d}^2}{\mathrm{d}x^2}\Psi(x) + V_0\Psi(x) = E\Psi(x)$$

です．すなわち，

$$\frac{\mathrm{d}^2}{\mathrm{d}x^2}\Psi(x) = \beta^2\Psi(x) \qquad \text{ただし} \qquad \beta = \frac{\sqrt{2m(V_0-E)}}{\hbar} \qquad ⑨$$

ですから，一般解は次のとおりです．

$$\Psi_{\mathrm{II}}(x) = C\mathrm{e}^{\beta x} + D\mathrm{e}^{-\beta x}$$

基本解が領域 I の振動解から，領域 II では増加，減衰解に変わっています．その原因は，式⑧では右辺の α^2 の前の記号はマイナスでしたが，式⑨では係数 β^2 の符号がプラスに変わったからです．

これらの一般解に含まれる任意常数 A，B，C，D は，ブロッホの定理を考慮したクローニッヒ=ペニーモデルの境界条件から決定されるぞ．

早く教えてくださいよ.

解が存在する条件から方程式を作る

領域 I と II を合わせた $-b \leq x \leq a$ の区間の波動関数を考えましょう.

$x = 0$ での左右からの接続と, $x = a - b$ での左側と $x = -b$ の右側の接続, 都合 2 ヵ所でのそれぞれ関数値とその微分係数の接続, すなわちなめらかなつながりが問題になります（図 8-3).

まず, $x = 0$ においてのなめらかな接続は関数値および微分係数が一致するという条件です. これは, Step7 の井戸型ポテンシャルで出てきた, ポテンシャルの有限の跳びそのままですね →p.162.

一方, もう 1 ヵ所の, $x = a - b$ での左側と $x = -b$ の右側の接続のほうは, Step7 の井戸型ポテンシャルとは異なります. ここの接続では前節で説明したブロッホの定理から, 周期的境界条件を満たすシュレーディンガー方程式の解が満たすべき, e^{ika} という位相因子だけの相違が要求されます.

まず $x = 0$ では, 関数と微分係数の値がつながっている（連続している）という条件から, 次のようになります.

$$\Psi_{\mathrm{I}}(0) = \Psi_{\mathrm{II}}(0) \quad ⑩$$

$$\frac{\mathrm{d}}{\mathrm{d}x}\Psi_{\mathrm{I}}(0) = \frac{\mathrm{d}}{\mathrm{d}x}\Psi_{\mathrm{II}}(0) \quad ⑪$$

そして, $x = a - b$ での関数値と微分係数の値が, $x = -b$ での値にブロッホの定理を満足させながら接続しているという条件からは,

$$\Psi_{\mathrm{I}}(a-b) = e^{ika}\Psi_{\mathrm{II}}(-b) \quad ⑫$$

$$\frac{\mathrm{d}}{\mathrm{d}x}\Psi_{\mathrm{I}}(a-b) = e^{ika}\frac{\mathrm{d}}{\mathrm{d}x}\Psi_{\mathrm{II}}(-b) \quad ⑬$$

となります.

以上⑩～⑬の4つの条件から，A，B，C，D が連立方程式によって決定されます．$\Psi_{\mathrm{I}}(x) = A\mathrm{e}^{i\alpha x} + B\mathrm{e}^{-i\alpha x}$ と $\Psi_{\mathrm{II}}(x) = C\mathrm{e}^{\beta x} + D\mathrm{e}^{-\beta x}$ を4つの条件式に入れ x にはそれぞれ対応する値を代入すれば，次のようになります．

⑩より　$A + B = C + D$

⑪より　$i\alpha(A - B) = \beta(C - D)$

⑫より　$A\mathrm{e}^{i\alpha(a-b)} + B\mathrm{e}^{-i\alpha(a-b)} = \mathrm{e}^{ika}(C\mathrm{e}^{-\beta b} + D\mathrm{e}^{\beta b})$

⑬より　$i\alpha(A\mathrm{e}^{i\alpha(a-b)} - B\mathrm{e}^{-i\alpha(a-b)}) = \beta\mathrm{e}^{ika}(C\mathrm{e}^{-\beta b} - D\mathrm{e}^{\beta b})$

これが解くべき連立方程式です．A，B，C，D すべてがゼロであるという自明な解ではない解が存在する条件は，線形代数学によれば，連立方程式の係数がつくる行列式がゼロであることになるのです．そこで，行列式＝0という式を変形していくと，少々複雑な計算の結果，e^{ika}に対する2次方程式

e^{ika}は，周期のポテンシャルの存在によって，波動関数が，a だけの並進によって受ける位相の変化じゃ．

$$(\mathrm{e}^{ika})^2 + 1 = \left\{\frac{\beta^2 - \alpha^2}{\alpha\beta}\sin\alpha(a-b)\sinh\beta b + 2\cos\alpha(a-b)\cosh\beta b\right\}\mathrm{e}^{ika} \quad ⑭$$

が得られます．

ここで，$\sinh x = \dfrac{\mathrm{e}^x - \mathrm{e}^{-x}}{2}$，$\cosh x = \dfrac{\mathrm{e}^x + \mathrm{e}^{-x}}{2}$ は，**双曲線関数**とよばれる関数のグループです．それぞれ「ハイパーボリックサイン」，「ハイパーボリックコサイン」と読みます．

エネルギー値を求める式を作る

ここで問題を簡単にするために，クローニッヒ=ペニーのモデルにおいて，$a - b \leq x \leq a$ などにあるポテンシャルの長方形の面積 $V_0 b$ を，面積

は一定に保ったまま $b \to 0$, $V_0 \to \infty$ という極限をとります．これは強度 $V_0 b$ の δ 関数の周期的な並びによって周期的ポテンシャルを近似するということです（図 8-4）．

そうすると先の式⑭は，次のようになります．

$$\cos ka = \frac{mabV_0}{\hbar^2} \cdot \frac{\sin \alpha a}{\alpha a} + \cos \alpha a \quad ⑮$$

$b \to 0$ としたので，δ 関数がある場所以外の x の場所を記述する式⑧に戻ってみると，$E = \dfrac{\hbar^2 \alpha^2}{2m}$ です．したがって，式⑮の α と k の関係式は，クローニッヒ＝ペニーモデルで記述される 1 次元結晶中電子のエネルギー E と波数 k の関係を表しているといえます．

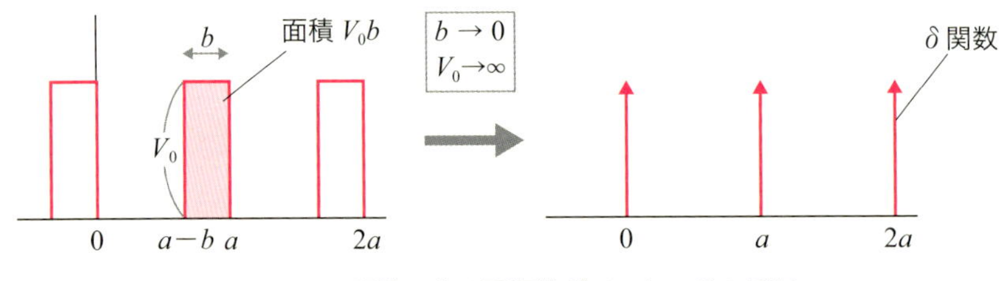

図 8-4　δ 関数による周期的ポテンシャルの近似

エネルギーバンド

式⑮の右辺を αa の関数として書くと図 8-5 になります．波数 k が実数であるためには，左辺のコサインの値が $-1 \leq \cos ka \leq 1$ となっていなければいけません．そうでないと k が虚数になって，結晶中の電子の状態として解釈できません．したがって，図 8-5

$\cos ka$ は，k が実数ならその値の範囲は -1 と 1 の間に限られる．それ以上，それ以下の値になるのは k が虚数のときじゃ．k が虚数だと，e^{ikx} の肩の部分は実数になって電子が運動している状態ではなくなるぞ．

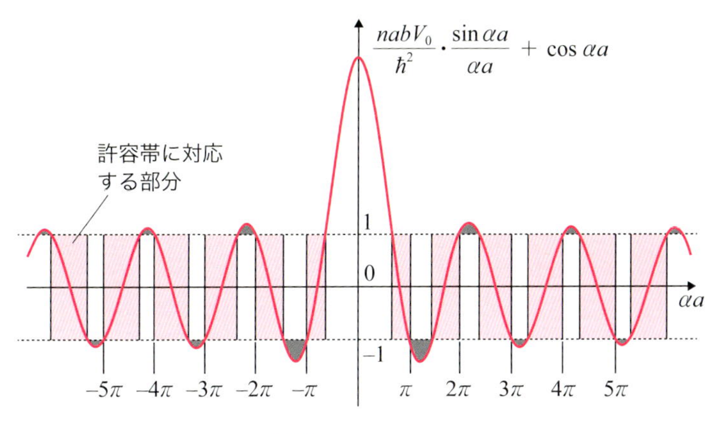

図 8-5　**バンド形成**

のピンクの部分に対応するエネルギーの電子だけが存在できるのです．

このようなエネルギーの区間のことを**許容帯**といいます．反対にそのようなエネルギーの状態が存在できない区間を**禁制帯**といいます．

$$k = \frac{n\pi}{a} \qquad (n\text{ は整数})$$

を満たす波数のところでは，波数の変化に対してエネルギーが連続的に変化できず，ギャップが発生してしまうのです．これが**エネルギーバンド**の起源です．

自由電子の場合には，正の値ならば任意のエネルギー値で運動することが可能でした．ところが周期的ポテンシャルが存在することによって，電子は，あるエネルギー領域のエネルギーでは周期的ポテンシャルの中を運動することができなくなったのです．

つまり，周期的ポテンシャルの中での運動は，ある特定のエネルギーをもっていないと不可能ということです．そのようなエネルギー領域のことを**エネルギーバンド**というのです．

8.4

連成振動系でのエネルギー準位の分裂

井戸型ポテンシャルのところで見たように，孤立して束縛されている電子は任意のエネルギーをとれるわけではなく…

跳び跳びのエネルギー準位でしか存在できませんでした．

そのとおり．それでは，そのような系が２つ近接して存在したらエネルギー準位はどうなるだろうか．

エネルギー準位が混ざるのかなあ…？

ふふふ．この節で考えるのは，２つ以上の振動系が相互作用をおよぼしながら振動する「連成振動」というものじゃ．そのなかでも同じ振動数をもつ複数の振動系をとり上げるぞ．

古典力学の振り子問題

まずは古典力学の振り子の問題からの類推で説明するぞ．

ニュートン力学で，重力加速度 g の重力場中にある質量 m，長さ l の単振子を考えましょう．それは**固有振動数**とよばれるある決まった振動数 f で振動します．それ以外の振動数で振動させようとしても，ちょっと放置すれば固有振動数の振動になります．**ガリレイの振り子の等時性**です．

周期 T で書けば，振幅が小さいときには，

$$T = \frac{1}{f} = 2\pi\sqrt{\frac{l}{g}}$$

です．

2つ（あるいはそれ以上）の単振子がたとえば，弱いバネを介して連結している系を**連成振子**といいます（図8-6）．連成振子では，振れ方に2つの基準モードができます．2つの振り子が開いたり閉じたりするモード（基準モード1）と，2つの振り子がそろって振れるモード（基準モード2）です．一般の振れ方はこの2つのモードの重ね合わせになります．

このとき，2つのモードの振動数は，2つに分裂します．元の振動数と同じものと，それよりわずかに高い振動数です．基準モード1は，2つの振り子がそろって振れ，結合しているバネの伸び縮みはないですから，1つ1つの振り子が別々にあるのと同じで，元の振動数と変わりません．一

さんぽ道　**自由空間—周期的ポテンシャル—孤立原子**

この節での説明と，前節の説明とでは説明の方向が逆向きです．何のじゃまもない自由空間中の電子と，ある1つの原子核に束縛されている電子とのちょうど中間が，周期的ポテンシャルなのです．

周期的ポテンシャルを考えるのに，自由空間を出発点としてそこにポテンシャルが入ると前節で見た「禁止」ということになります．逆に，孤立原子を出発点に原子の数を増やして接近させるとエネルギー準位が分裂するのです．

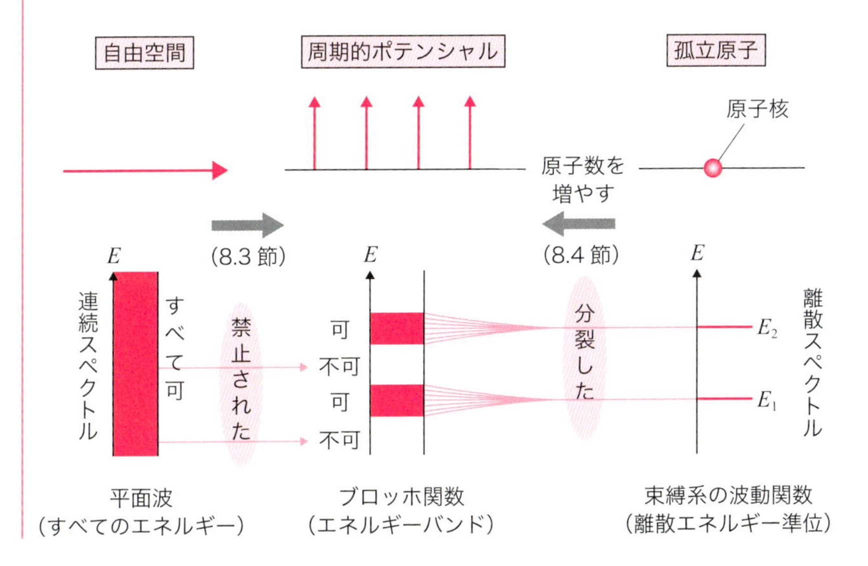

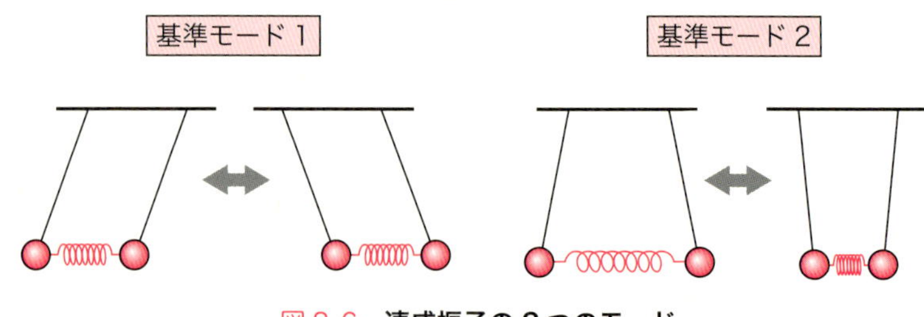

図 8-6　**連成振子の２つのモード**

方，基準モード２は開いたり閉じたりし，図 8-6 のようにバネが伸び縮みしていますから，バネの伸縮のエネルギーが加わり，振動数がわずかに高くなるのです．

複数の振り子がある場合

一般に，連成振子を構成する振り子の数を増して n 個にすると，基準モードの数は n 個になり，振動数も n 個に分裂します（図 8-7）．

量子力学でも同様のことが起こります．井戸型ポテンシャルのエネルギー準位が，その井戸の近くにもう１つの井戸をもってくると，２つに分

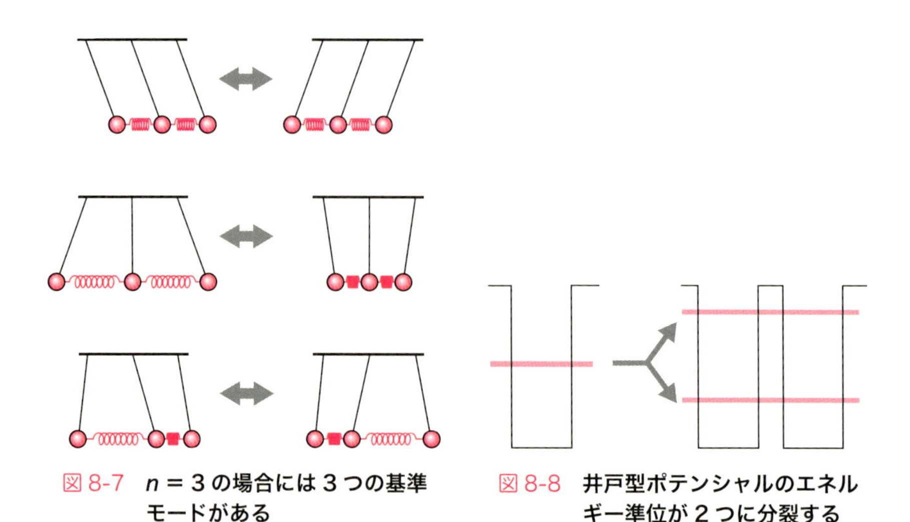

図 8-7　**$n = 3$ の場合には３つの基準モードがある**

図 8-8　**井戸型ポテンシャルのエネルギー準位が２つに分裂する**

かれます（図 8-8）．井戸の数が増えていくとそれに比例してエネルギー準位の数も密になって増えていきます．

これが前節とは逆方向に考えた場合のエネルギーバンド発生の理由なのじゃ．

8.5 結晶の電気的性質はどうして生じるのか

さあ，いよいよ大詰めですね．

うむ．これまで学んできた量子モデルレベルの話が，一気に日常的なレベルの話につながっていくぞ！

フェルミエネルギー

パウリの排他原理とは，2 つ以上の**フェルミ粒子**は同一の量子状態を占有できないという原理です．それによれば，フェルミ粒子である電子は，ある波動関数で表される状態には 1 個しか入ることができないことになります．電子には 2 つの値をとるスピンという量子数（Step 10 で学ぶ →p.253）がありますが，もしその区別をしない場合には，「同じ軌道に 2 個の電子が入る」という表現がされるのです．

この原理に従って，クローニッヒ=ペニーモデルから出てくるエネルギー帯に電子を詰め込んでいくことを考えます．

統計力学の概念になるのでここでは詳しい説明はしませんが，電子は絶対零度では一番低いエネルギーの状態に入ります．2 つめの電子は，一番低いエネルギーの状態がすでに占拠されていますから，2 番目に低い状態に入ります．このようにして電子を全部詰め込んだときに，一番高いエネルギーをもった電子のエネルギーの値を**フェルミエネルギー**といいます．

つまり，フェルミエネルギー以上のエネルギーをもつ状態は空席で，逆にそれ以下のエネルギーの状態はすべて占拠されています．

絶縁体・良導体・半導体

さて，クローニッヒ=ペニーモデルにおいて，ある許容帯とその上の許容帯の中間，すなわち禁制帯にフェルミエネルギーがある場合，フェルミエネルギーの下の許容帯はすべて電子によって占有されています．これを**充満帯**といいます．逆に上の許容帯には電子がいません．こちらは**伝導帯**とよばれます．この場合，充満帯の電子は電気伝導に寄与できず，伝導帯には電子がいませんから，その結晶は**絶縁体**になります（図 8-9 a）．

フェルミエネルギーが許容帯の中にある場合には，その結晶は**良導体**になります（図 8-9 b）．

さらにフェルミエネルギーが禁制帯の中にあるが，禁制帯の幅が小さい場合には，温度の上昇により充満帯の電子が伝導帯に励起されて電気伝導を担うことになって，半導体とよばれます（図 8-9 c）．

この状況は，不純物を加えることによって人為的に制御できます．

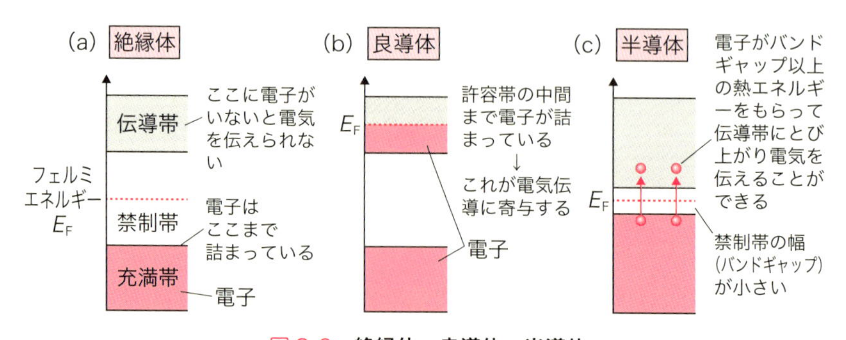

図 8-9　**絶縁体，良導体，半導体**

どうじゃ．量子力学の単純化したモデルから，物質が電気を通すかどうかということが説明できたじゃろ．

シュレーディンガー方程式ってすごいかも…．もっと知りたいです！

Step 8 で学んだこと

1. 周期的ポテンシャル内の電子の波動関数は，ブロッホの定理に従わなくてはならないことを知った．
2. 周期的ポテンシャルを単純化したモデルによって，その中の電子のとりうるエネルギーの値に制限が出て，可能なエネルギーの値は跳び跳びの区間（バンド）になることがわかった．
3. エネルギーバンドは，「連続なエネルギーの値をとりうる自由電子に周期的ポテンシャルが加わって不可能なエネルギーが発生した」という解釈もできるし，逆に「離散的エネルギー準位をもつ原子核に束縛された電子がお互いに接近することによりエネルギー準位が分裂していってバンドになる」とも解釈できることを知った．
4. パウリの排他原理により，低いエネルギーからなる電子は詰まっていく．あるバンドまでがそのような電子でいっぱいになっているのが絶縁体，一番上のバンドの半分まで詰まっているのが良導体，絶縁体になるはずのもので上のバンドとのエネルギーギャップ（禁制帯）の幅が小さいものが半導体だと知った．

Step 9

調和振動子の
シュレーディンガー方程式を解く

いままでは，井戸や階段の形をしたポテンシャルのモデルについて勉強してきたが，ここでは，調和振動子という放物線のような形をしたポテンシャルをとり扱うぞ.

どうしてそんなものをとり上げるのですか？

調和振動子のポテンシャルは，原子や原子核での微小振動，電磁波や音波の量子力学を作るとき，根本的に重要な役割を果たすのじゃ.

複雑な系を考えるときの基本になるということですね.

ちょっと計算が難しいので，わからないところがあるかもしれないが，大きく意味をつかんでくれれば十分じゃ.

9.1
調和振動子のポテンシャル――エネルギーの量子化

2.7 節で見た「バネで壁に結合された物体」の次のような方程式を覚えているかな.

$$\frac{\mathrm{d}^2 x}{\mathrm{d}t^2} = -\omega^2 x \qquad ①$$

はい, 単振動の方程式ですね. ここでの話と関係があるのですか.

「バネにつながれて振動する物体の運動」は**調和振動**とよばれ, 単振動はその 1 次元の単純な場合なのじゃ. 調和振動は三角関数で表され, 調和振動をする系を**調和振動子**という.

そうすると, 式①は, 古典力学での**調和振動子**の方程式ですか.

そのとおりじゃ. 調和振動子の方程式の一般解は, 次のようになり, これは力学の基本的な振動を表すぞ.

$$x(t) = c_1 \sin \omega t + c_2 \cos \omega t$$

ということは, もしかすると, 振動のいろいろな時間変化は, 調和振動の重ね合わせで記述することができるのではないですか?

グッジョブ. 複雑な現象を調和振動（**基準振動**）に分解して考察する, それが要素還元論的近代科学のやり方なのじゃ.

古典力学と量子力学のポテンシャルエネルギー

たとえばバネの振動で, x がバネの平衡位置からの変位であるとしたときに，バネの先に付いている質量 m の質点の運動方程式は，質量 × 加速度＝力（$ma = F$）というニュートンの運動方程式になります →p.30．上の古典力学での調和振動子の方程式①は，質点に掛かる力（ma）を**バネ定数 k の復元力**（$-kx$）であるとした，

$$m\frac{\mathrm{d}^2x}{\mathrm{d}t^2} = -kx$$

を，変数を見やすくして書き直したものです．$k = m\omega^2$ となります．復元力はバネの伸び x に比例します（図 9-1）．

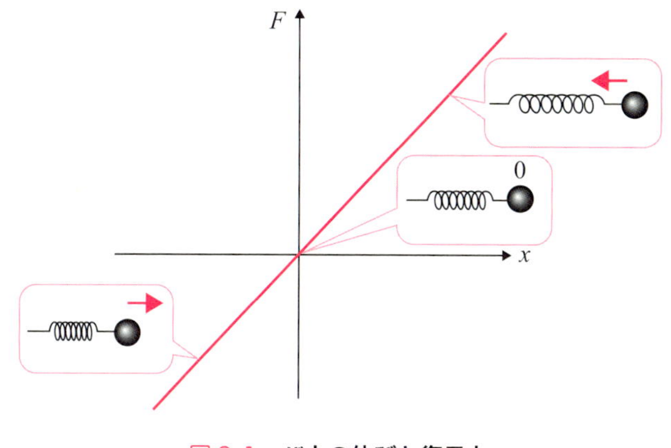

図 9-1　**バネの伸びと復元力**

古典力学の調和振動子で位置 x にある粒子のもつポテンシャルエネルギー $V(x)$ は，$-kx$ というバネの力に抗して 0 から x まで移動させる仕事量に相当します．すなわち，

$$V(x) = \int_0^x kx\,\mathrm{d}x = \frac{1}{2}k([x^2]_{x=x} - [x^2]_{x=0}) = \frac{1}{2}kx^2$$

となります．これに，$k = m\omega^2$ を代入すれば，量子力学的調和振動子のシュレーディンガー方程式

$$-\frac{\hbar^2}{2m}\frac{\mathrm{d}^2}{\mathrm{d}x^2}\Psi(x)+\frac{1}{2}m\omega^2x^2\Psi(x) = E\Psi(x) \quad ②$$

でのポテンシャルエネルギー

$$V(x) = \frac{1}{2}m\omega^2x^2 = \frac{1}{2}kx^2 \quad ③$$

とまったく同じになります．

エネルギーの量子化

調和振動子のポテンシャル内の粒子のエネルギーは，等間隔に**量子化**されることがわかっているぞ．

量子化って何ですか？

粒子が等間隔に量子化されたエネルギーの値でしか存在できないということであれば，粒子のエネルギーの変化は等間隔の幅の整数倍にならなければなりません．

最初に結果をいいますと，この Step9 でこれから求めていく**量子力学的な調和振動子のエネルギー準位**は，

$$E_n = \left(n+\frac{1}{2}\right)\hbar\omega \quad (n=0,1,2\cdots) \quad ④$$

となります．この式からわかるように，n が異なる準位の間の遷移には，n の差で表される整数倍のエネルギーのやりとりが必要です．すなわち $(n-n')\hbar\omega$ だけのエネルギー変化です．

これは，1つ2つと数えられる $\hbar\omega$ を単位とした**量子**を，$(n-n')$ 個や

りとりすることと解釈できます．このように，量子単位で表すことを**量子化**といいます．

調和振動子近似

この調和振動子のエネルギー変化は，粒子数が変化する系の理論の基本になります．それは，式④のように，エネルギーの変化がある単位の整数倍に量子化されていて，粒子（量子）を1個，2個と数えることと同じだからです．

ポテンシャルの形が式③で表されるような2次式ではない場合も，この考え方が基準となった近似ができます（図 9-2）．極小点の近傍では2次式で近似できるので，そのポテンシャルの極小点付近での小さいエネルギー励起の振動には調和振動子の議論が適用できるのです．

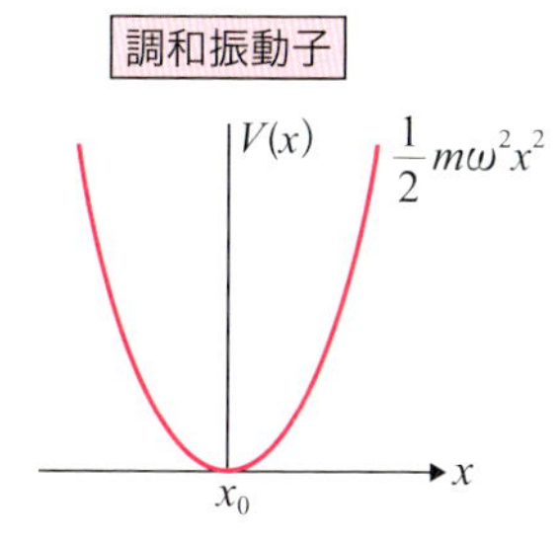

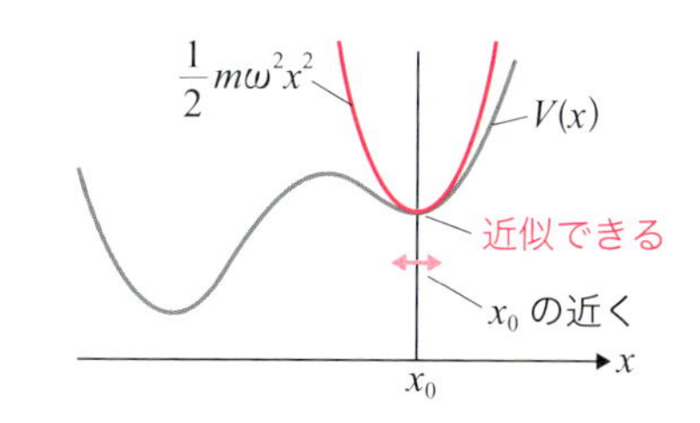

x_0 に極小をもつポテンシャル $V(x)$ は，x_0 の近傍での微小振動のときには $(x-x_0)^2$ に比例するポテンシャルで近似することができる．

図 9-2　**2次式のポテンシャルと調和振動子近似**

さんぽ道　粒子数が変化する

量子を1個，2個と数える方法は，後で説明する「生成作用素」「消滅作用素」という，粒子数の変動する場の量子論の代数的なやり方のひな形で，量子力学のいたるところに現れる方法です．

9.2 量子力学的調和振動子のシュレーディンガー方程式を解く

それではまず，量子力学的調和振動子のシュレーディンガー方程式

$$-\frac{\hbar^2}{2m}\frac{\mathrm{d}^2}{\mathrm{d}x^2}\Psi(x)+\frac{1}{2}m\omega^2x^2\Psi(x)=E\Psi(x) \qquad ②$$

を解いてみよう．

わー，演習書みたい．Step8 と同じようにやればよいですよね．

微分方程式を解くやり方は少し面倒だけれど，シュレーディンガー方程式を「解く」ということの感じを体感してほしいのじゃ（あとで別の解き方も出てくるが，それは今は秘密）．

無限遠での漸近解から全域での解へ

$\Psi(x)$ は，連続で微分可能，かつ，無限遠 $x\to\pm\infty$ で $\Psi(x)=0$，全空間で確率 1 となるよう規格化されていなくてはならないことは覚えているな．

はい！

式を見やすく計算を楽にするために，次のように書くことにします．

$$\xi=\sqrt{\frac{m\omega}{\hbar}}\,x \quad , \quad \eta=\frac{2E}{\hbar\omega}$$

すると，$x^2 = \dfrac{\hbar}{m\omega}\xi^2$，$\mathrm{d}x = \sqrt{\dfrac{\hbar}{m\omega}}\,\mathrm{d}\xi$ および $E = \dfrac{\eta\hbar\omega}{2}$ となりますから，それを式②に代入すると，

$$-\frac{\mathrm{d}^2}{\mathrm{d}\xi^2}\Psi(\xi) + \xi^2\Psi(\xi) = \eta\Psi(\xi) \qquad ⑤$$

というように見やすい形になります．$x \to \pm\infty$ すなわち $\xi \to \pm\infty$ の遠方では，左辺第 2 項に比べて，右辺は圧倒的に小さくて無視できますから，

$$-\frac{\mathrm{d}^2}{\mathrm{d}\xi^2}\Psi(\xi) + \xi^2\Psi(\xi) = 0 \qquad ⑥$$

と近似できるでしょう．微分作用素の固有関数は e^x の形であり，一般解は基本解の重ね合わせなので，この式の $\xi \to \infty$ での一般解は，代入してみればわかるように，

$$\Psi(\xi) = A\mathrm{e}^{-\frac{\xi^2}{2}} + B\mathrm{e}^{\frac{\xi^2}{2}} \qquad ⑦$$

です．これを $\xi \to \infty$ のときの**漸近解**といいます（詳細な計算は次ページの「さんぽ道」に示しましたので，ご覧ください）．

ただし，$\xi \to \pm\infty$ で $\Psi(\xi)$ が発散しないという条件に合わなければなりませんから，係数 $B = 0$ です．よって，式⑦より，$\xi \to \pm\infty$ の無限遠では $\Psi(\xi) = A\mathrm{e}^{-\frac{\xi^2}{2}}$ が解ですが，これは原点付近で正しい解とはなりません．そこで，補正するために，係数 A が ξ によって変化すると考えて，$A \to f(\xi)$ とします（図 9-3）．すると全域での解は，

$$\Psi(\xi) = f(\xi)\mathrm{e}^{-\frac{\xi^2}{2}} \qquad ⑧$$

となる関数 $f(\xi)$ を探すことになります．

これを式⑤に代入して整理すれば（積の微分法の公式に注意），

$$\frac{d^2}{d\xi^2}f(\xi) = 2\xi\frac{d}{d\xi}f(\xi) - (\eta - 1)f(\xi) \qquad ⑨$$

という $f(\xi)$ に対する微分方程式を得ます．

べき級数展開

この微分方程式⑨を解くために，常套手段として，$f(\xi)$ を**べき級数展開**します．

$$f(\xi) = c_0 + c_1\xi + c_2\xi^2 + \cdots = \sum_{k=0}^{\infty} c_k\xi^k \qquad ⑩$$

ここからは概略だけを示しますが，このべき級数展開の式⑩を微分方程式⑨に代入します．すると 次のようになります．

$$\underbrace{\sum_{k=0}^{\infty}(k+1)(k+2)c_{k+2}\xi^k}_{\text{式⑨の左辺}} = \underbrace{\sum_{k=0}^{\infty}(2k+1-\eta)c_k\xi^k}_{\text{式⑨の右辺}}$$

さんぽ道　漸近解の導出

$$-\frac{d^2}{d\xi^2}\Psi(\xi) + \xi^2\Psi(\xi) = 0 \qquad ⑥$$

の $\xi \to \infty$ での漸近解の導出について説明します．

$\frac{d}{d\xi}$ の固有関数は e^{ξ} の形です．しかし，ここでは ξ で 2 階微分すると ξ^2 が前に出るので，固有関数を $e^{\frac{\xi^2}{2}}$ としてみると，

$$\frac{d}{d\xi}e^{\frac{\xi^2}{2}} = \frac{2\xi}{2}e^{\frac{\xi^2}{2}} \quad \text{より} \quad \frac{d^2}{d\xi^2}e^{\frac{\xi^2}{2}} = \frac{d}{d\xi}\left(\xi e^{\frac{\xi^2}{2}}\right) = e^{\frac{\xi^2}{2}} + \xi^2 e^{\frac{\xi^2}{2}} = (1+\xi^2)e^{\frac{\xi^2}{2}}$$

これは $\xi \to \infty$ のとき，$\xi^2 e^{\frac{\xi^2}{2}}$ で近似されます．すなわち，$\Psi(\xi) = e^{\frac{\xi^2}{2}}$ または $e^{-\frac{\xi^2}{2}}$ は式⑥の解なのです（$\xi \to \infty$ のときの漸近解）．この 2 つの線形結合が $\xi \to \infty$ のときの一般解だから，次の式になるわけです．

$$\Psi(x) = Ae^{-\frac{\xi^2}{2}} + Be^{\frac{\xi^2}{2}} \qquad ⑦$$

この式について，各 k に対する Σ の中の項を，左辺は $d_k\xi^k$，右辺は $d'_k\xi^k$ と表して，ξ のべき乗ごとに左辺と右辺を比較すると，

<左辺>	$d_0 + d_1\xi + d_2\xi^2 + d_3\xi^3 \cdots\cdots$
<右辺>	$d'_0 + d'_1\xi + d'_2\xi^2 + d'_3\xi^3 \cdots\cdots$

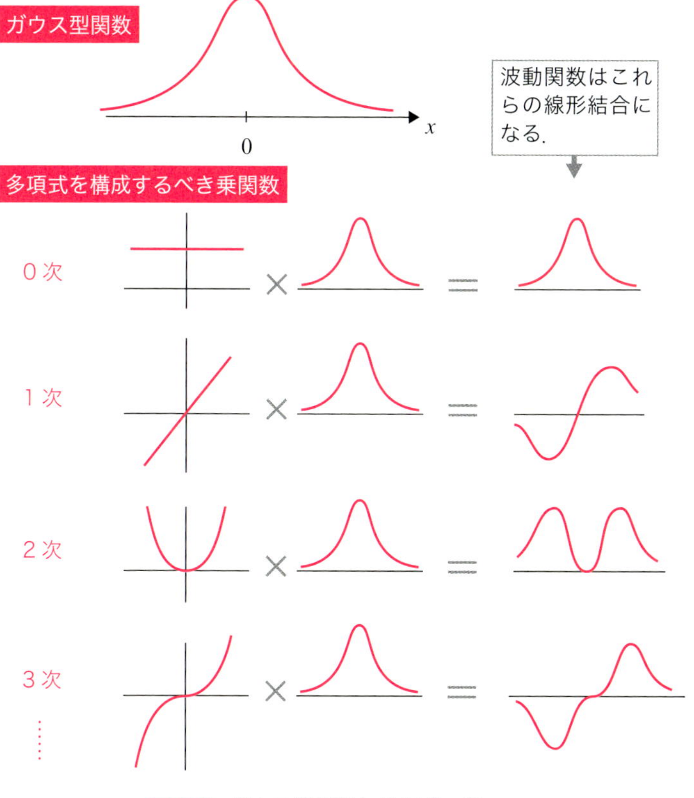

図 9-3　**ガウス型関数と多項式の積**

となります．この両辺が等しくなるためには，$d_0 = d'_0$, $d_1 = d'_1$, $d_2 = d'_2$, ……というように，その係数が等しくなければなりませんから，

$$(k+1)(k+2)c_{k+2} = (2k+1-\eta)c_k$$

となります．すなわち，

$$c_{k+2} = \frac{2k+1-\eta}{(k+2)(k+1)}c_k \quad ⑪$$

という式（**漸化式**）を得ます．これは，k 番目の係数から，次の係数ではなく，1 つ跳んで 2 つ先の $k+2$ 番目の係数を決める式ですので，係数の系列が 2 つあることになります．

c_0, c_1, c_2, c_3, c_4, c_5, ……というように c_k は続く．ところで，この式では $c_k \to c_{k+2}$ が求まるので，1 つおきに決まっていくので，$c_0 \to c_2 \to c_4 \to c_6 \to \cdots$ という系列と
$c_1 \to c_3 \to c_5 \to c_7 \to \cdots$ という系列の 2 つがあるのじゃ．

エネルギーの制限

ところが，この数列⑪には困ったことがあることがすぐにわかります．$k \to \infty$ とすると，2 つ先の係数になるためには，$\frac{2}{k}$ 倍することになるのですが，そうだとすると，式⑩の $f(\xi)$ のべき級数展開は，$\xi \to \infty$, すなわち $x \to \infty$ のときに発散してしまうのです．

k が非常に大きいと，$k+2$ の 2 は k に比べて非常に小さいので無視でき，k と近似できる．同様に，$k+1$ も k, $2k+1-\eta$ は $2k$ と近似できる．すると式⑪は下のようになるのじゃ．

$$c_{k+2} \approx \frac{2k}{k^2} \cdot c_k = \frac{2}{k} \cdot c_k$$

これは調和振動子がポテンシャルに束縛されているとするための遠方での波動関数の条件に合いません．そうならないためには，式⑪の c_k の列が，

どこか有限の番号のところでゼロになって，その先は打ち切られていればよいのです．そのためにはある k になったとき，

$\eta = \dfrac{2E}{\hbar\omega}$ は E の関数だから，この式はエネルギー E に対する制限の式となるぞ．

$$2k + 1 - \eta = 0 \qquad ⑫$$

となっていれば，その先の c_k はゼロになりますね．

こうして，打ち切り条件の式⑫は，エネルギーで表記すれば，

$$E = \left(k + \frac{1}{2}\right)\hbar\omega$$

となります．通常エネルギー準位の表記は慣習的に n と書かれますので，k を n に変えると

さんぽ道　べき級数の打ち切り

べき級数が有限で打ち切られるためには，2 通りの場合があります．係数の系列は 2 つあり，まずその 1 つは c_0 から始まり $c_0 \to c_2 \to c_4 \to \cdots$ と続く偶数次の系列で，この系列を集めると偶関数になります．2 つめは，c_1 から始まり，$c_1 \to c_3 \to c_5 \to \cdots$ と続く奇数次の系列で，この系列を集めると奇関数になります．これら両方ともが，有限次で打ち切られていなくてはならないわけです．

Case1	$c_0 \neq 0$，$c_1 = 0$ で $f(\xi)$ が，偶関数	波動関数は偶関数
Case2	$c_0 = 0$，$c_1 \neq 0$ で $f(\xi)$ が，奇関数	波動関数は奇関数

これ以外の場合，すなわち両方の系列とも途中で打ち切られている場合というのは起こりません．上の打ち切り条件の式⑫は，ある特定の次数 k と η（すなわちエネルギー E）との間の関係です．エネルギーの可能なある値に対応する k の値は 1 つしかありませんから，打ち切りできるのは，偶数次か奇数次のどちらか一方だけです．ですから打ち切りされる方の系列でない，もう一方の系列は，初項からゼロでなくてはなりません．

$$E_n = \left(n + \frac{1}{2}\right)\hbar\omega \qquad (n = 0,\ 1,\ 2\cdots) \qquad ④$$

という，最初のほうで式④として出てきた，よく見る調和振動子のエネルギー準位が得られました．最初に戻りますと，このエネルギー値が，調和振動子のシュレーディンガー方程式の固有値になっているわけです．

ちなみに，$n = 0$ の最低エネルギー状態は**基底状態**，その上の状態は**励起状態**といわれます．古典的にいうと，最低エネルギーの状態は，エネルギーがゼロで，ポテンシャルの底に静止している状態です．量子力学では，この式に見るように，有限のエネルギーをもち，静止している状態ではありません．これを**零点振動**といい表します．

調和振動の波動関数

さて，具体的に可能な η ごとの $f(\xi)$ を見てみましょう．その $f(\xi)$ を，$\Psi(\xi) = f(\xi)\ \mathrm{e}^{-\frac{\xi^2}{2}}$ に代入したものが，固有関数となる波動関数です．式⑪の漸化式で規定される展開係数の c_0 と c_1 は，規格化条件から決定されます．式⑩の $f(\xi)$ の具体的な形は，式⑫の打ち切り条件に現れる次数 k（ここでは n と書きます）ごとに求められていて，$H_n(\xi)$ と表記される**エルミート多項式**になります．$H_n(\xi)$ は，詳しいことは割愛しますが，

$$\begin{aligned} H_0(\xi) &= 1 \\ H_1(\xi) &= 2\xi \\ H_2(\xi) &= 4\xi^2 - 2 \\ H_3(\xi) &= 8\xi^3 - 12\xi \\ &\vdots \end{aligned}$$

➡ さんぽ道　**零点振動があるわけ**

零点振動があるのは，量子力学的粒子は，不確定性関係から運動量のばらつきの期待値がゼロにはなれないことに関係します．

と書け，次のような方程式（スルツム=リゥヴィーユ型微分方程式の一種）の解です．

$$\frac{\mathrm{d}^2}{\mathrm{d}\xi^2}H_n(\xi) - 2\frac{\mathrm{d}}{\mathrm{d}\xi}H_n(\xi) + 2nH_n(\xi) = 0$$

エルミート多項式を用いると，調和振動子のエネルギー固有状態を記述する波動関数は，先ほどと同じく $\xi = \sqrt{\frac{m\omega}{\hbar}}\,x = \frac{x}{x_0}$，$x_0 = \sqrt{\frac{\hbar}{m\omega}}$ と書くことにして，次のようになります．調和振動子の波動関数の形を図 9-4 に示しておきます．

	固有関数	固有値
$n=0$	$\Psi_0(\xi) = (x_0\sqrt{\pi})^{-\frac{1}{2}}H_0(\xi)\,\mathrm{e}^{-\frac{\xi^2}{2}}$	$E_0 = \frac{1}{2}\hbar\omega$
$n=1$	$\Psi_1(\xi) = (2x_0\sqrt{\pi})^{-\frac{1}{2}}H_1(\xi)\,\mathrm{e}^{-\frac{\xi^2}{2}}$	$E_1 = \frac{3}{2}\hbar\omega$
$n=2$	$\Psi_2(\xi) = (8x_0\sqrt{\pi})^{-\frac{1}{2}}H_2(\xi)\,\mathrm{e}^{-\frac{\xi^2}{2}}$	$E_2 = \frac{5}{2}\hbar\omega$
$n=3$	$\Psi_3(\xi) = (48x_0\sqrt{\pi})^{-\frac{1}{2}}H_3(\xi)\,\mathrm{e}^{-\frac{\xi^2}{2}}$	$E_3 = \frac{7}{2}\hbar\omega$
⋮	⋮	⋮

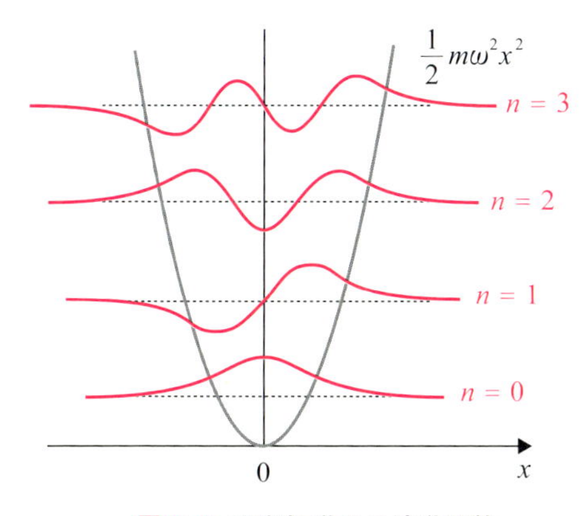

図 9-4　**調和振動子の波動関数**

9.3

生成・消滅作用素を用いて解く方法

量子力学的調和振動子のシュレーディンガー方程式を微分方程式を解くやり方で解くのはなかなかたいへんだったじゃろ.

はい. へとへとです.

実は, 解き方には別のやり方もあるのじゃ.

どうしてそっちを教えてくれなかったのですか？

まあまあ. それは代数的な方法で,「生成作用素」と「消滅作用素」というものを使うのじゃ.

生成作用素と消滅作用素の定義

式②からわかるように, 調和振動子のハミルトニアン作用素は,

$$\hat{H} = -\frac{\hbar^2}{2m}\frac{\mathrm{d}^2}{\mathrm{d}x^2} + \frac{1}{2}m\omega^2 x^2$$

です. $\hat{p} = -i\hbar\frac{\mathrm{d}}{\mathrm{d}x}$ と書くと →p.117,

$$\hat{H} = -\frac{\hat{p}^2}{2m} + \frac{1}{2}m\omega^2 x^2$$

と書けます. このハミルトニアンを,

$$\hat{a} = \sqrt{\frac{m\omega}{2\hbar}}\left(\hat{x} + \frac{i\hat{p}}{m\omega}\right) \quad \text{＜消滅作用素＞} \quad ⑬$$

$$\hat{a}^{\dagger} = \sqrt{\frac{m\omega}{2\hbar}}\left(\hat{x} - \frac{i\hat{p}}{m\omega}\right) \quad \text{＜生成作用素＞} \quad ⑭$$

で定義される作用素で書き換えることを試みましょう．$\hat{a}$，$\hat{a}^{\dagger}$ はそれぞれ**消滅作用素**，**生成作用素**とよばれます．この作用素は，状態ベクトルに作用して，そのベクトルが表している量子の数を 1 つだけ減らす（消滅）または増やす（生成）役割を果たします（この名前の由来は，あとの説明のなかで実感できると思います）．

さらに，$\hat{a}^{\dagger}\hat{a}$ という作用素はそのベクトルの量子の数を表す**個数作用素**なのです．

量子力学で 1 つ 2 つと数えられる跳び跳びのエネルギーは，量子化されて量子となるが，その数を増やしたり減らしたりということじゃ．

ハミルトン作用素を生成・消滅作用素で書き換える

ではここで，$\hat{a}$ と $\hat{a}^{\dagger}$ の交換関係を計算してみるぞ．

そうするとどうなるのですか？

それはお楽しみじゃ．

位置と運動量の交換関係 $[\hat{x},\hat{p}] = \hat{x}\hat{p} - \hat{p}\hat{x} = i\hbar$ を用いて，

$$\hat{a}\hat{a}^{\dagger} = \frac{m\omega}{2\hbar}\left(\hat{x}^2 + \frac{i}{m\omega}[\hat{p},\hat{x}] + \frac{\hat{p}^2}{m^2\omega^2}\right)$$

$$= \frac{1}{\hbar\omega}\left(\frac{1}{2}m\omega^2\hat{x}^2 + \frac{1}{2}\hbar\omega + \frac{\hat{p}^2}{2m}\right)$$

$$= \frac{1}{\hbar\omega}\hat{H} + \frac{1}{2}$$

同様に，

$$\hat{a}^\dagger\hat{a} = \frac{1}{\hbar\omega}\hat{H} - \frac{1}{2}$$

です．これらより交換関係は，

$$[\hat{a}, \hat{a}^\dagger] = 1$$

となり，ハミルトニアン作用素は，

$$\hat{H} = \hbar\omega\left(\hat{a}^\dagger\hat{a} + \frac{1}{2}\right)$$

と書けるのです．この式を調和振動子のエネルギー準位の式④と見比べると，$\hat{a}^\dagger\hat{a}$ という作用素は，エネルギー準位の下からの順番を表す n に対応するのではと予想されますね．

固有値問題から生成・消滅作用素の役割を求める

ここで，次の固有値問題を考えます．

$$\hat{a}^\dagger\hat{a}\Psi_n = n\Psi_n \qquad ⑮$$

前節の最後に予想したように，この固有値問題による定義自体が，$\hat{a}^\dagger\hat{a}$ という自己共役作用素 →p.83 が，エネルギー準位の番号 n，すなわちエネルギー量子の数に対応することを意味しています．

それではこの $\hat{a}^\dagger\hat{a}$ という作用素を用いて，$\hat{a}\Psi$，$\hat{a}^\dagger\Psi$ という状態がどの

ようなものなのかを調べてみましょう．具体的には，式⑮の Ψ_n のところに，$\hat{a}\Psi$ または $\hat{a}^\dagger\Psi$ を入れてみて，$\hat{a}\Psi$ や $\hat{a}^\dagger\Psi$ の量子数を求めてみようというのです．

まずは，$\hat{a}\Psi$ を入れてみます．

$$\hat{a}^\dagger\hat{a}(\hat{a}\Psi_n) = (\hat{a}\hat{a}^\dagger - 1)\hat{a}\Psi_n = \hat{a}(\hat{a}^\dagger\hat{a} - 1)\Psi_n$$
$$= \hat{a}(n-1)\Psi_n = (n-1)(\hat{a}\Psi_n)$$

同様にして $\hat{a}^\dagger\Psi$ を入れてみると，

$$\hat{a}^\dagger\hat{a}(\hat{a}^\dagger\Psi_n) = \hat{a}^\dagger(\hat{a}^\dagger\hat{a} + 1)\Psi_n = (n+1)(\hat{a}^\dagger\Psi_n)$$

となりますから，

$$\hat{a} \ : \Psi_n \mapsto \Psi_{n-1}$$
$$\hat{a}^\dagger : \Psi_n \mapsto \Psi_{n+1}$$

のように，それぞれ，固有関数に作用すると，固有値が1つ上または1つ下の固有関数に変化させるという性質をもっていることがわかります．

調和振動子のエネルギー準位は等間隔でしたから，1つ上に上がるのはエネルギー量子1個を吸収する，1つ下がるのはエネルギー量子を1つ放

さんぽ道　生成・消滅か昇降か

「生成作用素」「消滅作用素」という用語は，実は電子と光子が相互作用している様子などを記述する場の量子論での使用法にちなんでいます．場の量子論では，光子が消滅しエネルギーを電子にすべて渡して電子の状態を変えるとか，電子の状態が変化して光子が生成されるというような過程を扱います．また，結晶中では，電子と結晶の格子振動の量子（フォノンとよばれます．音子という人もいます）が変化します．そのような場合には，光子数やフォノン数が変化しています．光子やフォノンの生成・消滅作用素が必要とされそうですね．というわけで，電子に対する調和振動子型ポテンシャルを扱って，エネルギー準位を昇降させるという範囲では，昇降作用素（上昇作用素と下降作用素）といったほうがわかりやすいかもしれません．

出すると解釈できます．だから，$\hat{a}^\dagger$ を「エネルギー量子を吸収する（生成する）作用素」，$\hat{a}$ を「エネルギー量子を放出する（粒子から消滅させる）作用素」とよぶのです．

個数作用素とは

生成・消滅作用素が現れるときには，波動関数，すなわち状態ベクトルを，ディラックのケットで次のように書くことが多いです．

$$\hat{a}^\dagger \hat{a} = \hat{N}$$

と書いて，**個数作用素**とよびます．つまり，

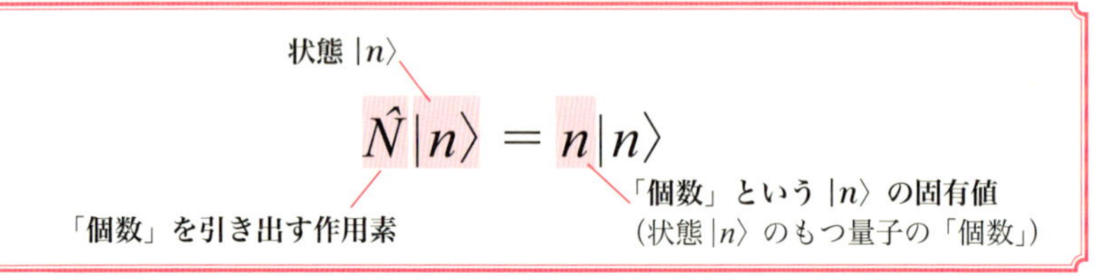

と書けるわけです．個数作用素は自己共役作用素なので，その固有関数 $|n\rangle$ は，異なった n に対して直交します →p.86．

$\hat{H}|\Psi\rangle = E|\Psi\rangle$

エネルギーの作用素　エネルギーの固有値

$\hat{p}|\Psi\rangle = p|\Psi\rangle$

運動量の作用素　運動量の固有値

と同じように作用素だぞ．

個数作用素を使って，ハミルトニアンは，

$$\hat{H} = \hbar\omega\left(\hat{N} + \frac{1}{2}\right)$$

と書くと，見やすいですね．

定義から，個数作用素と生成・消滅作用素の交換関係は，

$$[\hat{N},\hat{a}] = -\hat{a} \quad , \quad [\hat{N},\hat{a}^\dagger] = \hat{a}^\dagger$$

となります．

最低固有値と基底状態

個数作用素$\hat{N}$の固有値には，最低固有値が存在します．このことは物理的にいえば，**基底状態**があることに相当します．どういうことか，見ていきましょう．

任意の$|n\rangle$に対して個数作用素$\hat{N}$の期待値は$|n\rangle$と$\hat{N}|n\rangle$の内積$\langle n|\hat{N}|n\rangle$ですから，

$$\langle n|\hat{N}|n\rangle = n = \int_{-\infty}^{\infty} |\hat{a}\Psi_n|^2 \mathrm{d}x \geq 0$$

ですから，正の量$|\hat{a}\Psi_n|^2$をいくら足しても負にはなりませんので，固有値nはゼロか正の整数です．そうなっているためには，

$$\hat{a}|0\rangle = 0$$

となっていなくてはなりません．この$|0\rangle$が基底状態です．

$\langle n|\hat{N}|n\rangle$は$\hat{a}|n\rangle$のノルムであり，それが$\geq 0$なのだから，これが等号で成立する場合，すなわち$\int_{-\infty}^{\infty}|\hat{a}\Psi_0|^2 = 0$となるのは$\hat{a}\Psi_0$が恒等的にゼロになる場合じゃ．すなわち$\hat{a}|0\rangle = 0$だぞ．

導出は割愛しますが，

$$\hat{a}|n\rangle = \sqrt{n}\,|n-1\rangle \qquad ⑯$$

$$\hat{a}^\dagger|n\rangle = \sqrt{n+1}\,|n+1\rangle \qquad ⑰$$

となります．$|0\rangle$が規格化されていれば，規格化された状態ベクトル$|n\rangle$は，

$$|n\rangle = \frac{1}{\sqrt{n!}}(\hat{a}^\dagger)^n|0\rangle$$

となり，状態ベクトルの規格直交関係が成立して$\langle n,m \rangle = \delta_{n,m}$となります．基底状態$n = 0$の規格化された状態は，前節の結果によれば，

$$|0\rangle = \left(\frac{m\omega}{\hbar\pi}\right)^{\frac{1}{4}} \mathrm{e}^{-\frac{\xi^2}{2}}$$

ですが，これをこの節での代数的方法で求めるのは簡単です．$\hat{a}$の表式⑬で，$\hat{p} = -i\hbar\frac{\mathrm{d}}{\mathrm{d}x}$とすれば，

$$\hat{a}\,|0\rangle = \sqrt{\frac{m\omega}{2\hbar}}\left(\hat{x} + \frac{1}{m\omega}\frac{\mathrm{d}}{\mathrm{d}x}\right)|0\rangle = 0$$

です．変数をξに変えれば，$\xi = \sqrt{\frac{m\omega}{\hbar}}\,x$より，

$$\xi|0\rangle + \frac{\mathrm{d}}{\mathrm{d}\xi}|0\rangle = 0$$

と整理できますので，ただちに，

$$|0\rangle = c\,\mathrm{e}^{-\frac{\xi^2}{2}}$$

が，解になっていることがわかります．係数cは規格化条件から決まります．

期待値を求める

最後に，$\hat{x}^2$の期待値をこの節の方法から求めることにより，調和振動でのポテンシャルエネルギーの期待値を求めてみましょう．消滅・生成作用素の定義から，

$$\hat{x} = \sqrt{\frac{\hbar}{2m\omega}}\ (\hat{a} + \hat{a}^{\dagger})$$

ですので，

$$\hat{x}^2 = \frac{\hbar}{2m\omega}\ (\hat{a}\hat{a} + \hat{a}\hat{a}^\dagger + \hat{a}^\dagger\hat{a} + \hat{a}^\dagger\hat{a}^\dagger)$$

となります．したがって，これを $|n\rangle$ に作用させて，式⑯⑰を代入すると

$$\hat{x}^2|n\rangle = \frac{\hbar}{2m\omega}\{\sqrt{n(n-1)}|n-2\rangle + (n+1)|n\rangle + n|n\rangle + \sqrt{(n+2)(n+1)}|n+2\rangle\}$$

が得られます．この式に左からブラ $\langle n|$ を掛ければ（内積をとれば），$\hat{x}^2$ の期待値は，状態ベクトルの規格直交性 $\langle n,m\rangle = \delta_{n,m}$ を用いてやると，

$$\langle \hat{x}^2\rangle = \frac{\hbar}{2m\omega}\{(n+1) + n\} = \frac{\hbar}{m\omega}\left(n + \frac{1}{2}\right)$$

となります．

結局，調和振動子型ポテンシャルによるポテンシャルエネルギーの期待値は，

$$\langle V\rangle = \left\langle \frac{1}{2}m\omega^2 x^2\right\rangle$$

$$= \frac{1}{2}\hbar\omega\left(n + \frac{1}{2}\right)$$

つまり，同じ条件で繰り返し測定したら，測定値の平均値がこの値になると期待されるわけじゃ．

となります．これは n 番目の励起準位のエネルギー固有値のちょうど半分になっています．

へーえ，そんなことまでわかるんですね．

調和振動子型ポテンシャルの重要さが伝わったかな．

Step 9 で学んだこと

1. 調和振動子のエネルギー準位は等間隔 $E_n = \left(n + \frac{1}{2}\right)\hbar\omega$ になることがわかった．
2. 波動関数を求めなくても，上のエネルギー準位は生成・消滅作用素という代数的方法で決められることを知った．

Step 10

3 次元のシュレーディンガー方程式を考えると…
──角運動量，スピン，水素原子モデル

Step 9 までは，粒子の 1 次元での運動についてのシュレーディンガー方程式による記述を見てきたな．最後に，水素元素のモデルをとり上げて，われわれの現実世界と同じ 3 次元のシュレーディンガー方程式について考えるぞ．

えーっ，1 次元でもたいへんだったのに，3 次元になると心配です．

入り口をのぞいてみるだけじゃ．本格的な勉強をするための基本となる「角運動量」「スピン」だけは説明しておくから，がんばってくれ．

ご配慮ありがとうございます．

3 次元の水素原子モデルというのは，量子力学の形成期において華々しい成功を収めて，量子論から量子力学へと進む大きな一歩になったものなんだ．

それを知るためにも「角運動量」と「スピン」，頑張ります！

10.1

なぜ角運動量とスピンが重要なのか

有限個の固有値しかもたない物理量

エネルギーという物理量は，自由な空間では連続固有値をとり，箱に閉じこめられたり調和振動のポテンシャルに束縛されたりすると，離散的なエネルギー固有値をとるということを見てきました．

しかし，われわれの物理的世界には，最初から離散的，あるいは有限個の固有値しかとりえない物理量があります．その例が，**角運動量**と**スピン**です．角運動量もスピンも，原子や電子のもつ磁気に関係しています．

3 次元への拡張と角運動量

空間次元を現実の次元である 3 次元にすることは，3 次元空間での**回転**ということを考えなければ，単なる 1 次元から 3 次元への素直な拡張であり，古典力学のときと同様です．しかし，回転という変化を考えることにより，角運動量という新しい世界が見えてきます．角運動量は，空間の次元が 1 次元では現れない物理量なのです．

スピンは角運動量に似ていますが，空間変数とは独立な性質で，電子の

➡さんぽ道　**量子力学における離散固有値**

現代では，量子コンピュータや量子暗号といった量子情報科学では，その学習の最初には，連続変数の場合からではなく，離散固有値の力学から入るという教科書もいくつも見られます．量子コンピュータの動作原理を理解するためには，重ね合わせの原理によるシュレーディンガー方程式で記述される並列計算と，観測過程でのフォン・ノイマンの射影仮説が重要なのです．量子プロセッサーは，2 つのエネルギー準位しかない空間内のある位置にトラップされた原子などの準位で計算に用いる状態値を表し，空間内の運動はありませんので，空間的運動状態の理解は，導入においては必ずしも必要ないからです．

場合，スピンは2つの固有状態しかとりえません．

スピンと量子力学の哲学

離散固有値のモデルは，量子力学の哲学においても大きな貢献をしてきました．量子力学に関する，あまた知られる「パラドックス」の中でも有名な，「**EPR（アインシュタイン=ポドルスキー =ローゼン）相関**」というものがあります．それは世界の局所的な記述と，観測者や状況などに依存しない客観的な実在というものがあるという常識は，量子力学においては両立しないということをいい立てたものです．

この「EPR 相関」は，もともと2つの粒子について，それぞれの位置と運動量の測定，という状況を用いてアインシュタインやボーアによって空間内の運動として定式化され，議論されていました．しかし，それだと副次的な紛れが生じる可能性があるので，異端の物理学者ボームは，2つの粒子のスピンを測定するという「スピン測定モデル」に簡単化し，一般の物理学者にもわかりやすいように書き換えました．このことが，EPR相関問題の普及に役立ちました．いまでは量子力学のほとんどすべての入門書は，この「スピン測定モデル」を用いています．

以上述べてきたように，角運動量とスピンは概念上でも応用上でも基本となるので，本書でも基本的な内容は紹介しておかなくてはならんのじゃ．ただし詳しい計算は割愛するぞ．

さんぽ道　EPR パラドックス

「EPR パラドックス」は，過去に相互作用したが現在では遠隔地に離れている2つの粒子の間の相関についてのものです．本書では，このような，量子力学の哲学的側面については割愛していますが，量子力学の不思議さは，不確定性関係と，そしてこの量子的な相関にあるといえるでしょう．

10.2 角運動量

ここで説明するのは，角運動量の測定において，何と何が交換可能で，何と何が交換不可能かということじゃ．

それが基本ということなのですね．

具体的にいうと，角運動量の大きさ，x 成分，y 成分，z 成分のうちどれとどれが同時に確定値をとれるのかを知ってほしいのだ．

角運動量の 3 つの成分

古典力学では，粒子が 3 次元空間の原点のまわりにもつ**角運動量ベクトル**は，次のように表せました（図 10-1）．

$$\vec{L} = \vec{r} \times \vec{p}$$

$\vec{r}$ は 3 次元空間中の位置ベクトル，$\vec{p}$ は粒子の 3 次元運動量ベクトルです．

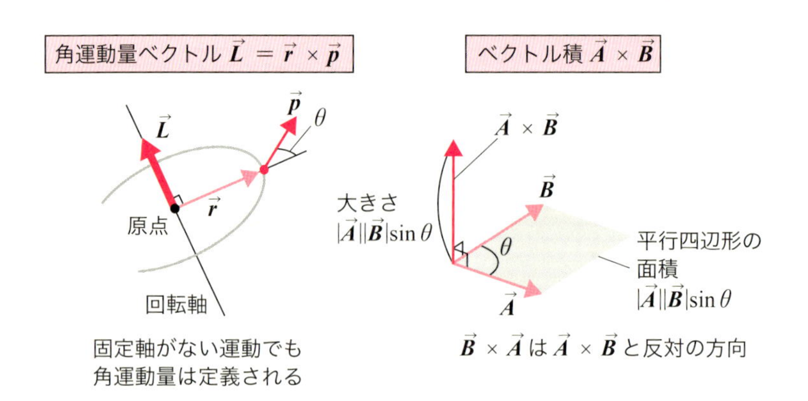

図 10-1　**角運動量**

「×」はベクトルの外積です．この式を成分に分けて書けば，

$$L_x = yp_z - zp_y$$
$$L_y = zp_x - xp_z \quad ①$$
$$L_z = xp_y - yp_x$$

で定義されます．

外積の成分の定義は，

$$(\vec{A} \times \vec{B})_x = A_yB_z - A_zB_y$$
$$(\vec{A} \times \vec{B})_y = A_zB_x - A_xB_z$$
$$(\vec{A} \times \vec{B})_z = A_xB_y - A_yB_x$$

である．$\vec{A} \times \vec{B}$の大きさは

$$|\vec{A} \times \vec{B}| = |\vec{A}|\cdot|\vec{B}|\sin\theta$$

となるぞ．

角運動量作用素

古典力学では，角運動量は位置と運動量から導かれる量です．量子力学では，Step4 で見たように，古典力学での式を，位置と運動量の交換関係

さんぽ道　古典力学での角運動量 $\vec{L}$ の定義の意味

$$\vec{L} = \vec{r} \times \vec{p}$$

の大きさは，外積の性質により次のようになります．

$$|\vec{L}| = |r|\cdot|p|\sin\theta$$

$\vec{L}$ の向きは $\vec{r}$ にも $\vec{p}$ にも直交していて，$\vec{r}$ から $\vec{p}$ に向かって右ネジの向きです．

角運動量は，回転運動の勢いを表すものです．図 a を上から見て，図 b のように $\theta = \frac{\pi}{2}$（直角）となっているとき最も効率がよく，逆に図 c のように $\theta = 0$（すなわち $\sin\theta = 0$）になっているときは放射方向に向いていて回転していませんから $|\vec{L}| = 0$ です．

$\vec{L}$ の方向については，3 次元空間の回転では，何か 1 つの軸のまわりの回転ということになりますから，その軸方向のベクトルで表すのが適切です．回転の勢いがそのベクトルの大きさになります．向きについては左ネジではなく右ネジの向きとするのが約束です．理論中で系統的にその約束を守れば大丈夫です．

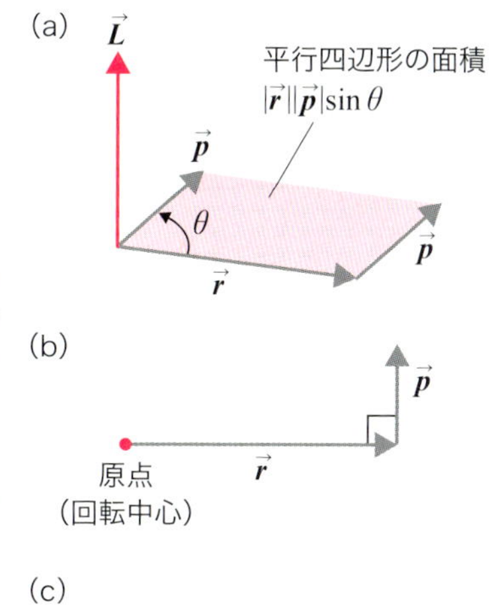

を満たすように作用素に置き換えればよいことになります．

$$\hat{L}_x = \hat{y}\hat{p}_z - \hat{z}\hat{p}_y\,,\ \hat{L}_y = \hat{z}\hat{p}_x - \hat{x}\hat{p}_z\,,\ \hat{L}_z = \hat{x}\hat{p}_y - \hat{y}\hat{p}_x \quad ②$$

これが**角運動量作用素**です．運動量を，

$$p_x \mapsto -i\hbar\frac{\partial}{\partial x},\quad p_y \mapsto -i\hbar\frac{\partial}{\partial y},\quad p_z \mapsto -i\hbar\frac{\partial}{\partial z}$$

と作用素で置き換えて式①に代入すると，次のようにも書けます．

$$\hat{L}_x = -i\hbar\left(y\frac{\partial}{\partial z} - z\frac{\partial}{\partial y}\right)$$

$$\hat{L}_y = -i\hbar\left(z\frac{\partial}{\partial x} - x\frac{\partial}{\partial z}\right) \quad ③$$

$$\hat{L}_z = -i\hbar\left(x\frac{\partial}{\partial y} - y\frac{\partial}{\partial x}\right)$$

角運動量作用素の各成分間の交換関係

角運動量作用素の各成分間の交換関係を求めてみるぞ．

Step4 で見た 1 次元空間での位置と運動量の交換関係 →p.97 は，3 次元に拡張することができます．x, y, zを3次元空間の直交座標系とすると，

$$[\hat{x},\hat{p}_x]=i\hbar \quad , \quad [\hat{y},\hat{p}_y]=i\hbar \quad , \quad [\hat{z},\hat{p}_z]=i\hbar \qquad ④$$

となります．これら以外の交換関係はすべてゼロ（つまり交換可能）です．そして，次の計算を考えます．

$$\hat{L}_x\hat{L}_y=\hat{y}\hat{p}_z\hat{z}\hat{p}_x-\hat{y}\hat{p}_z\hat{x}\hat{p}_z-\hat{z}\hat{p}_y\hat{z}\hat{p}_x+\hat{z}\hat{p}_y\hat{x}\hat{p}_z \qquad ⑤$$

空間の方向が違うとそれに付随する作用素は可換（交換関係はゼロ）ですから，同じ方向の位置と運動量の間の交換子のみ順番が問題になります．つまり，$[\hat{p}_z,\hat{z}]=-i\hbar$ のみ問題になって，他の順番は変えてもよいので，式⑤は，

$$\hat{L}_x\hat{L}_y=\hat{p}_z\hat{z}\hat{y}\hat{p}_x-\hat{x}\hat{y}\hat{p}_z^2-\hat{z}^2\hat{p}_x\hat{p}_y+\hat{z}\hat{p}_z\hat{x}\hat{p}_y \qquad ⑥$$

と書けます．この式⑥と，$\hat{L}_y\hat{L}_x$（すなわち，式⑥の x と y の順を逆にしたもの）の差が交換子になるわけです．上の式⑤の $\hat{x}\hat{y}\hat{p}_z^2$ と $\hat{z}^2\hat{p}_x\hat{p}_y$ は，構成している作用素が，x，y，z と異なった方向のものばかりで，同じ方向の位置作用素と運動量作用素はないので順番を変えてもよいことを考慮して交換子を計算すると，

$$\begin{aligned}
[\hat{L}_x,\hat{L}_y]&=\hat{L}_x\hat{L}_y-\hat{L}_y\hat{L}_x\\
&=\hat{p}_z\hat{z}\hat{y}\hat{p}_x-\hat{x}\hat{y}\hat{p}_z^2-\hat{z}^2\hat{p}_x\hat{p}_y+\hat{z}\hat{p}_z\hat{x}\hat{p}_y-(\hat{p}_z\hat{z}\hat{x}\hat{p}_y-\hat{y}\hat{x}\hat{p}_z^2-\hat{z}^2\hat{p}_y\hat{p}_x+\hat{z}\hat{p}_z\hat{y}\hat{p}_x)\\
&=\hat{p}_z\hat{z}(\hat{y}\hat{p}_x-\hat{x}\hat{p}_y)+\hat{z}\hat{p}_z(\hat{x}\hat{p}_y-\hat{y}\hat{p}_x)\\
&=\hat{p}_z\hat{z}(\hat{y}\hat{p}_x-\hat{x}\hat{p}_y)-\hat{z}\hat{p}_z(\hat{y}\hat{p}_x-\hat{x}\hat{p}_y)\\
&=(\hat{p}_z\hat{z}-\hat{z}\hat{p}_z)(\hat{y}\hat{p}_x-\hat{x}\hat{p}_y)\\
&=[\hat{p}_z,\hat{z}](\hat{y}\hat{p}_x-\hat{x}\hat{p}_y)=i\hbar\hat{L}_z
\end{aligned}$$

同様に，$[\hat{L}_y,\hat{L}_z]$ と $[\hat{L}_z,\hat{L}_x]$ も計算してまとめると，

$$[\hat{L}_x,\hat{L}_y]=i\hbar\hat{L}_z \quad , \quad [\hat{L}_y,\hat{L}_z]=i\hbar\hat{L}_x \quad , \quad [\hat{L}_z,\hat{L}_x]=i\hbar\hat{L}_y \qquad ⑦$$

となります．ここで注意してほしいのは，運動量の各成分間の交換関係は，位置と運動量の交換関係では交換子がスカラー量（実数や複素数のような数）であったのに対し，交換子が作用素になっていることです．

こうして角運動量の 3 つの成分は交換可能ではないことがわかりました．それは，角運動量の 3 つの成分の同時固有関数は存在しないことを意味しています．いい換えると角運動量の 3 つの成分の値は，同時には決められないのです．

これに対して，運動量や位置の場合は，3 次元空間の 3 つの方向の成分は運動量の 3 成分の間では交換します．また位置の 3 成分の間でも交換します．したがって，運動量の 3 成分が決まった状態，あるいは位置の 3 成分が決まった状態が存在します．もちろんその場合には，位置の 3 成分が決まった状態では，運動量の 3 成分はまったく決まらないわけでした．逆に運動量の 3 成分が決まった状態では，位置の 3 成分は決まりません．

角運動量において確定できる物理量

じゃあ，角運動量について，同時に決定できる物理量は何と何なのだろう？

天下り的ですが，**角運動量の大きさの 2 乗** $\vec{L}^2$ と，角運動量の z 成分 $\vec{L}_z$ の交換関係 $[\hat{L}^2, \hat{L}_z]$ を調べてみると見えてきます．角運動量の大きさの 2 乗は，

$$\hat{L}^2 = \hat{L}_x^2 + \hat{L}_y^2 + \hat{L}_z^2 \quad ⑧$$

さんぽ道　角運動量作用素の交換関係の表示

角運動量作用素の交換関係を，量子力学の教科書では，ベクトル解析の外積記号を用いて，

$$\vec{L} \times \vec{L} = i\hbar\vec{L}$$

とまとめて書いてあることもあります．

で定義されます．$[\hat{L}^2,\hat{L}_z]$ は上の式⑧を用いて展開すると

$$[\hat{L}^2,\hat{L}_z]=[\hat{L}^2,\hat{L}_x^{\,2}+\hat{L}_y^{\,2}+\hat{L}_z^{\,2}]=[\hat{L}_x^{\,2},\hat{L}_z]+[\hat{L}_y^{\,2},\hat{L}_z]+[\hat{L}_z^{\,2},\hat{L}_z]$$

となります．一般の作用素に対し，

$$[\hat{X}^2,\hat{Y}]$$
$$=\hat{X}[\hat{X},\hat{Y}]+[\hat{X},\hat{Y}]\hat{X}$$

が成り立つことと，式⑦を用いると

一般の作用素に対して
$[\hat{X}^2,\hat{Y}]=\hat{X}^2\hat{Y}-\hat{Y}\hat{X}^2$
$=\hat{X}\hat{X}\hat{Y}-\hat{Y}\hat{X}\hat{X}$
$=\hat{X}\hat{X}\hat{Y}-\hat{X}\hat{Y}\hat{X}+\hat{X}\hat{Y}\hat{X}-\hat{Y}\hat{X}\hat{X}$
$=\hat{X}[\hat{X},\hat{Y}]+[\hat{X},\hat{Y}]\hat{X}$
となるのじゃ．

$$[\hat{L}_x^{\,2},\hat{L}_z]=\hat{L}_x[\hat{L}_x,\hat{L}_z]+[\hat{L}_x,\hat{L}_z]\hat{L}_x=\hat{L}_x(-i\hbar\hat{L}_y)+(-i\hbar\hat{L}_y)\hat{L}_x$$
$$=-i\hbar(\hat{L}_x\hat{L}_y+\hat{L}_y\hat{L}_x)$$

同様にして，

$$[\hat{L}_y^{\,2},\hat{L}_z]=i\hbar(\hat{L}_x\hat{L}_y+\hat{L}_y\hat{L}_x)$$
$$[\hat{L}_z^{\,2},\hat{L}_z]=0$$

上の $[\hat{L}_x^{\,2},\hat{L}_z]$，$[\hat{L}_y^{\,2},\hat{L}_z]$，$[\hat{L}_z^{\,2},\hat{L}_z]$ 3つを足し合わせて，

$$[\hat{L}^2,\hat{L}_z]=0$$

角運動量の大きさの2乗　　角運動量の z 成分

となります．これは，角運動量の大きさの2乗（大きさといってよい）と角運動量の z 成分の値は可換であるということですから，それらは同時確定可能であるということを意味しています．z 成分といっているのは，ある特定の1方向というだけのことで，どの方向であってもかまいません．すなわち，$[\hat{L}^2,\hat{L}_x]=0$，$[\hat{L}^2,\hat{L}_y]=0$ でもよく，角運動量の大きさの2乗と，ある任意の方向の成分は同時確定可能なのです．

しかし，$\hat{L}^2$ と $\hat{L}_x, \hat{L}_y, \hat{L}_z$ の 4 つが同時確定可能ではもちろんありません．
$\hat{L}^2$ とどれか 1 つの方向の成分が同時確定可能ということです．

古典力学の角運動量とはかなり違うのですね．

ここまで見てきたことは，水素原子のような系で，その状態を指定する量子数がいくつあるのかを知るために使うぞ．

10.3 角運動量の固有値

それでは，角運動量の物理量，すなわち角運動量作用素の固有値を調べてみるぞ（ここでは，次の節で出てくる球面調和関数という特殊関数を用いた議論ではなく，代数的な議論で考えるがな）．

z 軸まわりの回転から $\hat{L}_z$ 作用素の形を決める

ある特定の方向を z 方向ということにして，その方向を向いた軸まわりの回転を考えましょう．回転角を ϕ と書くことにします．

角運動量を表す状態ベクトルを $|\Psi\rangle$ とすると，その微小変化は次のように書けます．

$$\mathrm{d}|\Psi\rangle = \frac{\partial}{\partial x}|\Psi\rangle \mathrm{d}x + \frac{\partial}{\partial y}|\Psi\rangle \mathrm{d}y + \frac{\partial}{\partial z}|\Psi\rangle \mathrm{d}z$$

ここで，$x = \rho\cos\phi$，$y = \rho\sin\phi$，$z = z$ ですから，図 10-2 より

$$\mathrm{d}x = -\rho\sin\phi\,\mathrm{d}\phi = -y\,\mathrm{d}\phi \quad , \quad \mathrm{d}y = \rho\cos\phi\,\mathrm{d}\phi = x\,\mathrm{d}\phi \quad , \quad \mathrm{d}z = 0$$

となって（$\mathrm{d}x$ はマイナスになります），

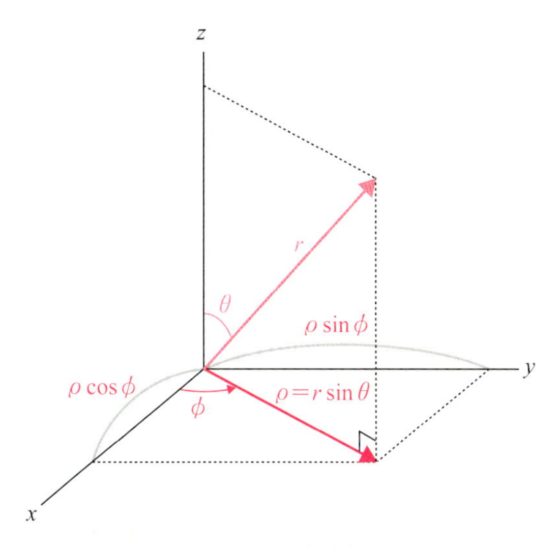

図 10-2　**極座標**

$$\mathrm{d}|\Psi\rangle = \left(x\frac{\partial}{\partial y}|\Psi\rangle - y\frac{\partial}{\partial x}|\Psi\rangle\right)\mathrm{d}\phi$$

と ϕ の微分を使った形に書き換えられます．両辺を $\mathrm{d}\phi$ で割って整理すると，

$$\frac{\partial}{\partial \phi}|\Psi\rangle = \left(x\frac{\partial}{\partial y} - y\frac{\partial}{\partial x}\right)|\Psi\rangle$$

となります．

式③のとおり $\hat{L}_z = -i\hbar\left(x\frac{\partial}{\partial y} - y\frac{\partial}{\partial x}\right)$でしたから，これと見比べれば，

$$\hat{L}_z = -i\hbar\frac{\partial}{\partial \phi}$$

とすればよいことがわかります．

角運動量の z 方向成分 $\hat{L}_z$ の固有値

ここで角運動量の z 成分である $\hat{L}_z$ の可能な値を調べるために，その固有値方程式，$\hat{L}_z|\Psi\rangle = \mu|\Psi\rangle$ すなわち，

$$-i\hbar\frac{\partial}{\partial\phi}|\Psi\rangle = \mu|\Psi\rangle$$

を考えましょう．

この解は，c を定数として，

$$|\Psi\rangle = ce^{\frac{i\mu\phi}{\hbar}}$$

であることは，代入してみるとわかります．

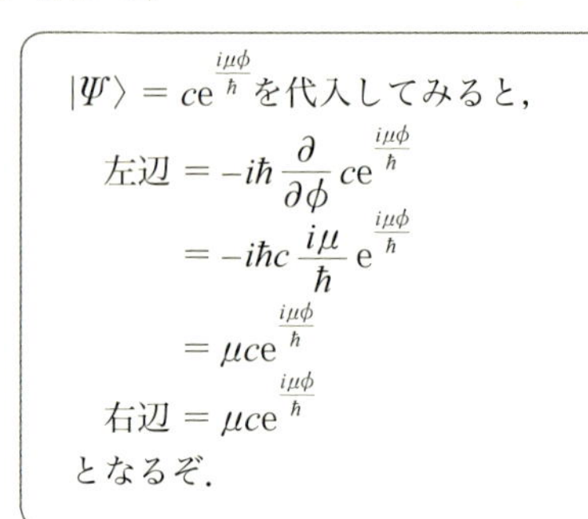

固有値 μ は次のようにして決まります．$|\Psi\rangle$ の角度 ϕ 表示の独立変数は ϕ で，それは周期 2π で同じ角度を表します．ですから，$|\Psi\rangle$ を $\Psi(\phi)$ と書くことにすると，

$$\Psi(\phi + 2n\pi) = \Psi(\phi) \qquad (n \text{ は整数})$$

でなくてはなりません．この関係を満たすためには，

角運動量の z 成分の固有値

$$\mu = m\hbar \qquad (m \text{ は整数})$$

となっていればよいのです（$\frac{i\mu\phi}{\hbar} = im\phi$ となりますので）．これが角運動量の z 成分の固有値です．角運動量は $\hbar$ の整数倍の値しかとれないことがわかります．これは離散固有値ですね．

角運動量の z 方向成分 $\hat{L}_z$ の固有関数

また，規格化は，ϕ が1周して（全空間で）確率1となるようにしますから，

$c = \dfrac{1}{\sqrt{2\pi}}$ と決められ，規格化された固有関数は，

$$\Psi(\phi) = \frac{1}{\sqrt{2\pi}} e^{im\phi}$$

(m は整数) ⑨

規格化より，次のように求められるぞ．

$$\int_0^{2\pi} |ce^{\frac{i\mu\phi}{\hbar}}|^2 d\phi = 1$$

$$\text{左辺} = |c|^2 \int_0^{2\pi} |e^{\frac{i\mu\phi}{\hbar}}|^2 d\phi$$

$$= |c|^2 \int_0^{2\pi} d\phi = |c|^2 2\pi = 1$$

$$\therefore c = \frac{1}{\sqrt{2\pi}}$$

となります．

作用素 $\hat{L}_\pm$ の導入

次は $\hat{L}^2$ の固有値を求めるのですね．

…といきたいのだが，そのためにちょっと回り道をするぞ．

$\hat{L}^2$ と $\hat{L}_z$ は交換可能なのですから，これらの同時固有関数が存在します．その同時固有関数を $|\Psi\rangle$ と書くことにすると，

$$\hat{L}^2|\Psi\rangle = \lambda|\Psi\rangle \quad , \quad \hat{L}_z|\Psi\rangle = \mu|\Psi\rangle \qquad ⑩$$

を同時に満たすことになります．この同時固有関数 $|\Psi\rangle$ を $|\lambda,\mu\rangle$ と記しましょう．ここで L_z の大きさは L の大きさを越えられない（式⑫で示されます）ことをいうために，次のような計算をします．式⑩より，

$$(\hat{L}^2 - \hat{L}_z^2)|\lambda,\mu\rangle = (\hat{L}_x^2 + \hat{L}_y^2)|\lambda,\mu\rangle = (\lambda - \mu^2)|\lambda,\mu\rangle \qquad ⑪$$

となりますから，$|\lambda,\mu\rangle$ は $\hat{L}_x^2 + \hat{L}_y^2$ の固有値 $\lambda - \mu^2$ に対する固有関数です．$\hat{L}_x^2$ も $\hat{L}_y^2$ も 2 乗の形ですのでその固有値（すなわち期待値）は非負です．その

固有状態では期待値すなわち固有値だったな．

和である $\hat{L}_x{}^2 + \hat{L}_y{}^2$ も同様に非負で，$\lambda - \mu^2 \geq 0$ です．ゆえに，

$$\lambda \geq 0 \quad , \quad \sqrt{\lambda} \geq |\mu| \qquad ⑫$$

という関係が成立します．

ここで，

$$\hat{L}_+ = \hat{L}_x + i\hat{L}_y \quad , \quad \hat{L}_- = \hat{L}_x - i\hat{L}_y$$

という作用素を導入します．そうすると，

$$[\hat{L}_z, \hat{L}_\pm] = \hat{L}_z\hat{L}_\pm - \hat{L}_\pm\hat{L}_z = \pm\hbar\hat{L}_\pm \qquad ⑬$$

という交換関係が成り立ちます．

式⑬は次のように求められるぞ．

$$[\hat{L}_z, \hat{L}_\pm] = \underbrace{[\hat{L}_z, \hat{L}_x]}_{i\hbar\hat{L}_y} \pm i\underbrace{[\hat{L}_z, \hat{L}_y]}_{-i\hbar\hat{L}_x}$$
$$= i\hbar\hat{L}_y \mp i^2\hbar\hat{L}_x$$
$$= \pm\hbar\hat{L}_x + i\hbar\hat{L}_y$$
$$= \pm\hbar(\hat{L}_x \pm i\hat{L}_y)$$
$$= \pm\hbar\hat{L}_\pm$$

式⑩ $\hat{L}_z|\Psi\rangle = \mu|\Psi\rangle$ で同時固有ベクトル $|\Psi\rangle$ を $|\lambda, \mu\rangle$ と書いたので，

$$\hat{L}_z|\lambda, \mu\rangle = \mu|\lambda, \mu\rangle$$

となることと，式⑬の交換関係の式より，

$$\hat{L}_z\hat{L}_\pm = \hat{L}_\pm\hat{L}_z \pm \hbar\hat{L}_\pm$$

となることから，

$$\hat{L}_z\hat{L}_\pm|\lambda, \mu\rangle = \hat{L}_\pm\overbrace{\hat{L}_z|\lambda, \mu\rangle}^{\mu|\lambda, \mu\rangle} \pm \hbar\hat{L}_\pm|\lambda, \mu\rangle$$
$$= \hat{L}_\pm\mu|\lambda, \mu\rangle \pm \hbar\hat{L}_\pm|\lambda, \mu\rangle$$
$$= (\mu \pm \hbar)\hat{L}_\pm|\lambda, \mu\rangle$$

となります．この式はすなわち，$\hat{L}_\pm$ という作用素は，同時固有関数 $|\lambda, \mu\rangle$ に作用して，$\hat{L}_z$ の固有値 μ を，角運動量の 1 単位 $\hbar$ だけ上下させた関数

である $\hat{L}_{\pm}|\lambda,\mu\rangle$ に変換する役目をするのです．

$\hat{L}_{\pm}$ を作用させると	状態　$|\lambda,\mu\rangle \mapsto \hat{L}_{\pm}|\lambda,\mu\rangle$
	z 成分の固有値　$\mu \mapsto \mu \pm \hbar$

角運動量 z 成分の固有値の最小・最大値

このことより，$|\lambda,\mu\rangle$ に $\hat{L}_{\pm}$ を次々と作用させると，

$$\cdots,\ (\lambda,\mu-2\hbar),\ (\lambda,\mu-\hbar),\ (\lambda,\mu),\ (\lambda,\mu+\hbar),\ (\lambda,\mu+2\hbar),\ \cdots \quad ⑭$$

という固有値の組の系列が作り出されることがわかります．しかし式⑫の $\sqrt{\lambda} \geq |\mu|$ という制限があるので，λ を決めた場合，上の系列には左右に限りが生じ，μ には最小値 $\mu_{\min}$，最大値 $\mu_{\max}$ が存在することになります．その状態に対しては，

$\hat{L}_{+}$ は，$|\lambda,\mu\rangle$ を $|\lambda,\mu+1\rangle$ に変換する作用素じゃ．状態ベクトルの空間は，いまわかったように，λ を固定すれば $\mu_{\min}$ から $\mu_{\max}$ までの有限次元だ．その空間の基底ベクトルの $|\lambda,\mu\rangle$ の μ の値を 1 だけずらす作用素なのだから，$\mu_{\max}$ に作用させると，もう対応する基底ベクトルは残っていないので，すべての成分がゼロである 0（ゼロベクトル）にならざるをえないぞ．

$$\hat{L}_{+}|\lambda,\mu_{\max}\rangle = 0 \quad , \quad \hat{L}_{-}|\lambda,\mu_{\min}\rangle = 0 \quad ⑮$$

とならなければなりません．この辺の議論は，Step9 の調和振動子での生成・消滅作用素の議論と似ていますね →p.218．

角運動量の大きさの 2 乗 $\hat{L}^2$ の固有値

ようやく固有値が求まるのですか？

うむ．残った仕事は $\hat{L}^2$ の固有値 λ と，$\hat{L}_z$ の固有値 μ との関係を求めることじゃ．

定義から，

$$\hat{L}_{\mp}\hat{L}_{\pm} = \hat{L}_x{}^2 + \hat{L}_y{}^2 \mp \hbar\hat{L}_z$$

となります．この式を $|\lambda,\mu_{\max}\rangle$，$|\lambda,\mu_{\min}\rangle$ に左から掛けてやると，式⑮と式⑪を用いて，

$$(\hat{L}_x{}^2 + \hat{L}_y{}^2 + \hbar\hat{L}_z)|\lambda,\mu_{\min}\rangle = (\lambda - \mu_{\min}{}^2 + \hbar\mu_{\min})|\lambda,\mu_{\min}\rangle = 0$$
$$(\hat{L}_x{}^2 + \hat{L}_y{}^2 - \hbar\hat{L}_z)|\lambda,\mu_{\max}\rangle = (\lambda - \mu_{\max}{}^2 - \hbar\mu_{\max})|\lambda,\mu_{\max}\rangle = 0$$

となります．したがって，

$$\lambda - \mu_{\min}{}^2 + \hbar\mu_{\min} = 0 \quad , \quad \lambda - \mu_{\max}{}^2 - \hbar\mu_{\max} = 0 \qquad ⑯$$

辺々差をとると，

$$(\mu_{\max} + \mu_{\min})(\mu_{\max} - \mu_{\min} + \hbar) = 0$$

です．$\mu_{\max} - \mu_{\min} \geq 0$ ですから，この式の第 1 因子は 0 でなければならず，$\mu_{\max} = -\mu_{\min}$ となります．すると，⑭の固有値の組の系列から $\mu_{\max} - \mu_{\min}$ は軌道角運動量の場合 $2\hbar$ の整数倍ですので，その振れ幅を $2l\hbar$ と書くことにすれば，角運動量 $\hat{L}_z$ の固有値 μ の値として可能なのは，$\mu_{\min} = -l\hbar$ と $\mu_{\max} = l\hbar$ の間の，

$$-l\hbar,\ -(l-1)\hbar,\ \cdots\cdots,\ (l-1)\hbar,\ l\hbar$$

という

$2l + 1$ 通り

の値となります．この整数の値 l を**方位量子数**といいます．一方，p.238 で書いたように $\mu = m\hbar$ としたときの m のことを**磁気量子数**といいます．

ここまでの話は，λ がある値に決まったとしてということでしたから，

その1つのλの値，すなわち角運動量の2乗の値に対して，角運動量のz成分の値は，$2l+1$重に縮退しているといい表します．

λとlの関係は，式⑯に$\mu_{\text{max}} = l\hbar$（もしくは$\mu_{\text{min}} = -l\hbar$）を代入すると，

角運動量の大きさの2乗の固有値　方位量子数

$$\lambda = l(l+1)\hbar^2$$

と求められました．

lの値は整数の場合と半整数になる場合がある

さて，縮退の数$2l+1$は奇数になる場合と偶数になる場合がありえます．奇数になる場合の角運動量$\hat{L}_z$の固有値は，

$$-l\hbar,\ -(l-1)\hbar,\ \cdots,\ -2\hbar,\ -\hbar,\ 0,\ \hbar,\ 2\hbar,\ \cdots,\ (l-1)\hbar,\ l\hbar$$

となり，偶数になる場合は，

$$-\frac{l}{2}\hbar,\ -\frac{l-1}{2}\hbar,\ \cdots,\ -\frac{3}{2}\hbar,\ -\frac{1}{2}\hbar,\ \frac{1}{2}\hbar,\ \frac{3}{2}\hbar,\ \cdots,\ \frac{l-1}{2}\hbar,\ \frac{l}{2}\hbar$$

です．この2通りの場合しかありません．それに対応して，lの値は，正の整数の場合と，正の半整数の場合とがありえます．前者は，軌道運動による角運動量の場合です．なぜなら，それは角運動量がゼロという，物理的にありうる状態を含んでいるからです．

しかし後者は，軌道角運動量からは出てきません．軌道角運動量は，空間の微分作用素をもとにして定義されている量で，空間の回転について，状態ベクトルが周期2πでなくてはならないという要求から（→p.238），整数に限ると求まっています．この節で求めた交換関係だけからの議論は，もっと広い可能性を含んでいたのです．ところが，実験や相対論的波動方程式の解の解釈などからそのような場合が物理世界に存在することがわか

りました．それは**スピン**という自由度です．詳しくは，10.5 節で説明します．

方向量子化

この節の結果をまとめると，角運動量の大きさの 2 乗と z 成分の同時固有値問題は，次のようになります．

方位量子数

左辺：角運動量の種類

$$\hat{L}^2|l,m\rangle = l(l+1)\hbar^2|l,m\rangle$$

$$\hat{L}_z|l,m\rangle = m\hbar|l,m\rangle$$

右辺：それぞれの角運動量の量子数で表したもの

磁気量子数

ただし，ここでの $|l,m\rangle$ と議論の途中で使った $|\lambda,\mu\rangle$ という記号の関係は，$\lambda = l(l+1)\hbar^2$，$\mu = m\hbar$ となっています．

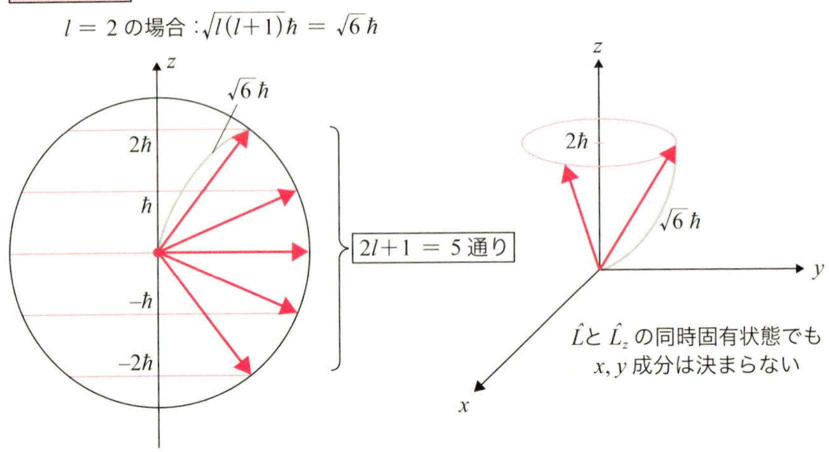

図 10-3　**方向量子化．x-y 方向は不定になる**

この結論を古典力学の角運動量ベクトルの類推で，例として$l = 2$の場合の図を書くと，図 10-3 のようになります．

角運動量の大きさの 2 乗，すなわち$\hat{L}^2$の固有値が$l(l+1)\hbar^2$なのですから，角運動量の大きさは，その平方根$\sqrt{l(l+1)}\hbar$であるといってよいでしょう．そしてそのz成分の大きさが$m\hbar$です．$l = 2$の場合だと，大きさが$\sqrt{6}\,\hbar$，z成分は，

$$-2\hbar,\ -\hbar,\ 0,\ \hbar,\ 2\hbar$$

の 5（$= 2l + 1$）通りです．この古典的イメージの図のように，角運動量ベクトルの方向が$2l + 1$通りに限られてしまっていることを，**方向量子化**といいます．

10.4 極座標でのシュレーディンガー方程式と球面調和関数

前の 10.3 節では，3 次元直交座標系で作用素を表現したが，今度は**極座標**の変数を使った表現を見てみるぞ．

どうしてまた？

球対称なポテンシャルの問題などで便利なのじゃ．

極座標と直交座標

図 10-2 に示した**極座標**r，θ，ϕと**直交座標**x，y，zの間の関係は次の通りです．

$$x = r\sin\theta\cos\phi$$
$$y = r\sin\theta\sin\phi$$
$$z = r\cos\theta$$

これらを逆に表現すれば，次のようになります．

$$r^2 = x^2 + y^2 + z^2$$
$$\tan\phi = \frac{y}{x}$$
$$\tan^2\theta = \frac{x^2 + y^2}{z^2}$$

ラプラシアン作用素と 3 次元のシュレーディンガー方程式

ここでは結果のみ記しますが，極座標の変数を用いると，偏微分法の変数変換の公式を使った計算から，

$$\nabla^2 = \frac{\partial^2}{\partial x^2} + \frac{\partial^2}{\partial y^2} + \frac{\partial^2}{\partial z^2} = \frac{\partial^2}{\partial r^2} + \frac{2}{r}\frac{\partial}{\partial r} + \frac{1}{r^2}\hat{\Lambda}$$

ただし，　$$\hat{\Lambda} = \frac{1}{\sin\theta}\frac{\partial}{\partial\theta}\left(\sin\theta\frac{\partial}{\partial\theta}\right) + \frac{1}{\sin^2\theta}\frac{\partial^2}{\partial\phi^2}$$

という式が導き出せます．この ∇^2 という作用素は **3 次元のラプラシアン作用素**とよばれます．時間に依存しない 1 次元のシュレーディンガー方程式は，

$$-\frac{\hbar^2}{2m}\frac{\partial^2}{\partial x^2}\Psi(x) + V(x)\Psi(x) = E\Psi(x)$$

でした．３次元では波動関数は $\Psi(x,y,z)$ になり，それに応じて **３次元のシュレーディンガー方程式**は，

$$-\frac{\hbar^2}{2m}\left(\frac{\partial^2}{\partial x^2}+\frac{\partial^2}{\partial y^2}+\frac{\partial^2}{\partial z^2}\right)\Psi(x,y,z) + V(x,y,z)\Psi(x,y,z) = E\Psi(x,y,z)$$

すなわち

$$-\frac{\hbar^2}{2m}\nabla^2\Psi(x,y,z) + V(x,y,z)\Psi(x,y,z) = E\Psi(x,y,z)$$

３次元のラプラシアン作用素

となります．これを先ほどの極座標で表すと，

$$-\frac{\hbar^2}{2m}\left(\frac{\partial^2}{\partial r^2}+\frac{2}{r}\frac{\partial}{\partial r}+\frac{1}{r^2}\hat{\Lambda}\right)\Psi(r,\theta,\phi) + V(r,\theta,\phi)\Psi(r,\theta,\phi) = E\Psi(r,\theta,\phi)$$

となります．また，角運動量関係の作用素を極座標で表すと，次のようになります．

$$\hat{L}_x = i\hbar\left(\sin\phi\frac{\partial}{\partial\theta}+\frac{\cos\phi}{\tan\theta}\frac{\partial}{\partial\phi}\right)$$

$$\hat{L}_y = i\hbar\left(-\cos\phi\frac{\partial}{\partial\theta}+\frac{\sin\phi}{\tan\theta}\frac{\partial}{\partial\phi}\right)$$

$$\hat{L}_z = -i\hbar\frac{\partial}{\partial\phi}$$

$$\hat{L}^2 = -\hbar^2\left\{\frac{1}{\sin\theta}\frac{\partial}{\partial\theta}\left(\sin\theta\frac{\partial}{\partial\theta}\right)+\frac{1}{\sin^2\theta}\frac{\partial^2}{\partial\phi^2}\right\} = -\hbar^2\hat{\Lambda} \quad ⑰$$

$$\hat{L}_\pm = \hat{L}_x \pm i\hat{L}_y = \hbar e^{\pm i\phi}\left(\pm\frac{\partial}{\partial\theta}+\frac{i}{\tan\theta}\frac{\partial}{\partial\phi}\right)$$

動径方向と角度で変数分離する

3次元空間で，原点からの距離 r だけに依存するポテンシャルを**中心力場**といいます．つまり，$V(x,y,z)$ を $V(r,\theta,\phi)$ と極座標で書いた場合，

$$V(r,\theta,\phi) = V(r)$$

となっていて，θ，ϕ という角度に依存していない場合ということです．

これは，原点を中心とした球対称なポテンシャルです．中心力場による力の方向は原点と粒子を結ぶ線に沿っています．

これから見ていこうとしている水素原子モデルをはじめ，電気の力のクーロン場や万有引力の重力場も中心力場です．

中心力場の問題を解くためには，シュレーディンガー方程式を動径方向 r の方程式と角度 θ，ϕ 方向の方程式の2つに変数分離しなくてはなりません．その方略は Step7 で時間 t と空間 x を分離したときと同じです →p.157.

それでは，極座標による時間に依存しないシュレーディンガー方程式を変数分離して，動径方向 r についての常微分方程式と，角度 θ と ϕ についての偏微分方程式を作ります．

$$\Psi(r,\theta,\phi) = R(r)\cdot Y(\theta,\phi)$$

をシュレーディンガー方程式に代入して，分離定数を λ' とすると，

$$-\frac{\hbar^2}{2m}\left(\frac{\mathrm{d}^2}{\mathrm{d}r^2}+\frac{2}{r}\frac{\mathrm{d}}{\mathrm{d}r}-\frac{\lambda'}{r^2}\right)R(r)+V(r)R(r)=ER(r) \quad ⑱$$

$$\hat{\Lambda}Y(\theta,\phi)=-\lambda' Y(\theta,\phi) \quad ⑲$$

というように変数分離されて2つの方程式が得られます．

球面調和関数

角運動量の大きさの2乗を表すのは式⑰の，

$$\hat{L}^2=-\hbar^2\hat{\Lambda}$$

です．それと式⑲の $\hat{\Lambda}Y(\theta,\phi)=-\lambda' Y(\theta,\phi)$ を用いると，

$$\hat{L}^2Y(\theta,\phi)=-\hbar^2\hat{\Lambda}Y(\theta,\phi)=\hbar^2\lambda' Y(\theta,\phi)$$

と書けます．ここで，角度方向の関数を Y という記号で表しましたが，式⑲の偏微分方程式に従う関数を $Y_l^m(\theta,\phi)$ と書き，**球面調和関数**と名づけます．これが水素原子モデルを解くときに大活躍します．

10.3節では式⑩のように，$\hat{L}^2|\Psi\rangle=\lambda|\Psi\rangle$ と定義しましたので，そのときの λ と，ここでの Y の定義に入っている λ' とでは，$\hbar^2$ という角運動量の単位（の2乗）を含めるか含めないかの違いがあります．つまり，

さんぽ道　特殊関数

球面調和関数は式⑲に従う特殊関数なのですが，特殊関数のうちいくつかのものは座標系に依存して定義されるものです．たとえば，球面調和関数は極座標，ベッセル関数という特殊関数は円筒座標系で，それぞれの対称性をもった問題を解くときに便利な関数として定義されます．というより，むしろそのような問題の解に，名前をつけてしまうのだ，ということなのです．その解の性質がわかっていればよいということなのです．

特殊関数とよばれる関数はたくさんありますが，どれもうんざりするような複雑な定義式で定義されています．しかしその複雑さは初等関数（指数関数，対数関数，三角関数など）の組み合わせや極限として書き表したがためで，随伴している座標系で考えると，むしろごく自然で，簡単便利な関数たちなのです．

$\lambda = \lambda' \hbar^2$ となっています．

球面調和関数と $\hat{L}^2$ の固有値

さて，球面調和関数 $Y_l^m(\theta,\phi)$ は，

球面調和関数

$$\hat{L}^2(\theta,\phi)Y_l^m(\theta,\phi) = l(l+1)\hbar^2 Y_l^m(\theta,\phi)$$

角運動量の大きさの２乗　　方位量子数

を満たす関数です．角運動量の大きさの２乗の固有値が $l(l+1)\hbar^2$ です．球面調和関数を式で表すと次のようになります．

$$Y_l^m(\theta,\phi) = (-1)^{\frac{m+|m|}{2}}\sqrt{\frac{2l+1}{4\pi}\frac{(l-|m|)!}{(l+|m|)!}}\,P_l^{|m|}(\cos\theta)\mathrm{e}^{im\phi}$$

m は $\max|m| = l$ なる整数で，また，P_l^m は「ルジャンドルの倍関数」というものです．いかに面倒くさい関数か，ながめてみてください．$l = 0$, 1, 2 の場合には，次のようになります．

$$l = 0 \quad : \quad Y_0^0(\theta,\phi) = \frac{1}{\sqrt{4\pi}}$$

$$l = 1 \quad : \quad Y_1^0(\theta,\phi) = \sqrt{\frac{3}{4\pi}}\cos\theta$$

さんぽ道　方位量子数 l について

角運動量の大きさといってしまえば，$\sqrt{l(l+1)}\hbar$ でしょうが，慣習的に $l\hbar$ であるということがありますので注意してください．また，

$$l = 1,\ 2,\ 3,\ 4,\ 5,\ 6,\ \cdots$$

に対して，歴史的に

$$s,\ p,\ d,\ f,\ g,\ h,\ \cdots$$

という呼び名が使われることがあります．s 状態とか s 波というふうによびます．

$$
\begin{aligned}
&: \quad Y_1^{\pm 1}(\theta,\phi) = \mp\sqrt{\frac{3}{8\pi}}\sin\theta\, e^{\pm i\phi} \\
l = 2 \quad &: \quad Y_2^{0}(\theta,\phi) = \sqrt{\frac{5}{16\pi}}(3\cos^2\theta - 1) \\
&: \quad Y_2^{\pm 1}(\theta,\phi) = \mp\sqrt{\frac{15}{8\pi}}\sin\theta\cos\theta\, e^{\pm i\phi} \\
&: \quad Y_2^{\pm 2}(\theta,\phi) = \sqrt{\frac{15}{32\pi}}\sin^2\theta\, e^{\pm 2i\phi}
\end{aligned}
$$

球面調和関数の $\hat{L}_z$ の固有値

10.3 節の式⑨に示されているように，またこの具体的な形からもわかるように，$Y_l^m(\theta,\phi)$ の，z 軸周りの回転角 ϕ に対する依存性は，

$$
e^{im\phi}
$$

になっています．したがって角運動量の z 成分，$\hat{L}_z$ に対して，

角運動量の z 成分　球面調和関数

$$
\hat{L}_z Y_l^m(\theta,\phi) = -i\hbar\frac{\partial}{\partial\phi}Y_l^m(\theta,\phi) = m\hbar\, Y_l^m(\theta,\phi)
$$

となります．これは，$Y_l^m(\theta,\phi)$ は，角運動量の z 成分の固有値 $m\hbar$ の固有関数であることを意味します．まとめると，次のようになります．

> 球面調和関数 $Y_l^m(\theta,\phi)$ は，角運動量の大きさの 2 乗とその z 成分の同時固有関数であって，それぞれの固有値は，$l(l+1)\hbar^2$ と $m\hbar$ です．

磁気量子数を 1 だけ昇降させる作用素 $\hat{L}_\pm$ が作用する様子は，

$$
\hat{L}_\pm Y_l^m(\theta,\phi) = \sqrt{(l \mp m)(l \pm m + 1)}\,\hbar\, Y_l^{m\pm 1}(\theta,\phi)
$$

となります．

動径方向の微分方程式

最後に動径方向の微分方程式について説明しましょう．式⑱，

$$-\frac{\hbar^2}{2m}\left(\frac{\mathrm{d}^2}{\mathrm{d}r^2}+\frac{2}{r}\frac{\mathrm{d}}{\mathrm{d}r}-\frac{\lambda'}{r^2}\right)R(r)+V(r)R(r)=ER(r)$$

は，動径方向の波動関数の変化を記述しています．この方程式は，$R(r) = \frac{1}{r}u(r)$ と置くと，$\lambda' = l(l+1)$ であることも用いて（この節では λ' は $\hbar$ を含んでいません），

$$-\frac{\hbar^2}{2m}\frac{\mathrm{d}^2}{\mathrm{d}r^2}u(r)+\frac{l(l+1)}{r^2}u(r)+V(r)u(r)=Eu(r)$$

$$\therefore\quad\left[-\frac{\hbar^2}{2m}\frac{\mathrm{d}^2}{\mathrm{d}r^2}+\left\{\frac{\hbar^2}{2m}\frac{l(l+1)}{r^2}+V(r)\right\}\right]u(r)=Eu(r) \qquad ⑳$$

のように，少し簡単になります．この方程式を解くためには，球対称なポテンシャル，$V(r)$ が与えられなくては始まりませんが，これは 10.6 節の水素原子モデルで扱うことにしましょう．

今の段階でいえることは，角度方向の状態（角運動量状態）は，変数分離したときの分離定数 $\lambda' = l(l+1)$ を通して，動径関数に関連影響しているということです．この動径方向のシュレーディンガー方程式は，

$$\frac{\hbar^2}{2m}\frac{l(l+1)}{r^2}$$

という角運動量の大きさに応じた項が，通常の 1 次元シュレーディンガー方程式の $V(r)$ に追加された形になっています．

$$V(r) \quad\mapsto\quad \frac{\hbar^2}{2m}\frac{l(l+1)}{r^2}+V(r)$$

いわば**遠心力ポテンシャル**というべき項です．

10.5

スピン

10.3 節で，磁気量子数は，整数かまたは半整数であることが，論理的に示されたな．

軌道運動に付随する角運動量であれば，それは整数でなければいけなかったのですよね．

うむ．しかし，半整数の大きさをもつ磁気量子数が発見された．それが電子などの粒子の**スピン角運動量**なのじゃ．スピン角運動量は，電子の空間内での運動に由来するものではないので，**内部変数**とよばれるぞ．

スピンの発見

スピンが発見されたのは，**原子のスペクトル線**の研究からでした．原子の発光は，原子のもつ電子のエネルギー準位（10.6 節ですぐに見ることになります）の間の遷移に伴うエネルギー差が光子となって放出されるものです．したがって，原子の発光スペクトルの研究は，原子内電子のエネルギー準位の研究であって，量子力学成立（とくにボーアの水素原子モデルからハイゼンベルクの行列力学の経緯）に甚大な貢献をしたのでした．

ところが，**微細構造**といって，スペクトル線がごくわずかに 2 本に分かれる現象が見つかり，それは電子の自転によって電子が磁石となることの影響だという仮説で説明されました．しかし，そのような自転は，有限の拡がりをもたない点電荷と考えられている電子にとっては不可能です．

後に，ディラックの相対論的電子論により，アドホックな仮説ではなしに，理論から必然的な量として，2 つの値だけをとる内部変数が出てくることがわかりました．

直接的なスピン角運動量を実証する現象としては，「シュテルン＝ゲルラッハの実験」というものがあります．それは熱せられた銀の原子を不均一磁場中通過させると，ビームが２つに分かれるという実験です．銀原子の基底状態での**軌道角運動量**はゼロなので，原因としてありうるのは**スピン角運動量**だけでした．銀の原子には「スピン角運動量」が，磁場の方向zに対して「上向き」の固有状態のものと，「下向き」の固有状態のものがあると理解するのです．

$\hat{L}_z$の値は$2l+1$通りあり，その間隔は$\hbar$じゃ．その数は奇数と偶数の場合がある．奇数の場合は電子の空間的な運動によるもので，それら奇数個の値のことを**磁気量子数**という．一方，偶数の場合，特にここでは２つの場合が軌道角運動量からは説明できなかったわけだが，それがスピンに由来するのだ．この２個の量子数のことを**スピン磁気量子数**というぞ．どちらも「磁気」とついているのは，磁場中の電子のふるまいを説明するためという歴史的ないきさつからじゃ．

スピン角運動量の固有値

スペクトル線が２本に分かれるということは，エネルギー準位が２つに分かれるということです．すなわち，固有状態が２つだけということを示唆しています．半整数の**磁気量子数**に電子のスピン角運動量を引き当てるには，次のようにすればよいですね．

次のような対応になるぞ，

$$\hat{L}^2 \leftrightarrow \lambda = l(l+1),\quad \hat{L}_z \leftrightarrow m$$
$$\hat{S}^2 \leftrightarrow \quad s(s+1),\quad \hat{S}_z \leftrightarrow m_s$$

軌道角運動量の記号にLを使ったのでスピン角運動量には，Sを使う．

$\hat{L}^2$ の固有値は $l(l+1)\hbar^2$ なので，スピン角運動量の大きさの 2 乗の固有値は，L を S に変えて $\hat{S}^2 = s(s+1)\hbar^2$ と書ける．

その z 成分 $\hat{S}_z$ の固有値が異なる状態数は $\hat{L}_z$ と同じく $2s+1$ →p.242 であり，実験結果から 2 通りとわかっているので，$2s+1=2$ すなわち $s=\dfrac{1}{2}$ となる．

$\hat{S}_z$ の固有値を $m_s\hbar$ と書くが（m_s を**スピン磁気量子数**とよぶ），その可能な値は $\dfrac{1}{2}\hbar$ と $-\dfrac{1}{2}\hbar$ の 2 つである．

スピン角運動量の固有状態

球面調和関数 $Y_l^m(\theta,\phi)$ の $\hat{L}^2$ の固有値は，$l(l+1)$ で，これは必ず整数です．$Y_l^m(\theta,\phi)$ のような関数では，半整数の角運動量は表せませんので，何か別のことを考えなければなりません．

とにかくこの $\hat{S}_z$ の 2 つの固有値に対する固有状態を，$|\alpha\rangle$，$|\beta\rangle$ というベクトルで書くことにしましょう．

そして，スピンも角運動量の性質をもたなければならないので，前に説明した角運動量一般の場合と同じように，作用素としての $\hat{S}$ やその成分などの交換関係もうまく設定できなくてはなりません．したがって，$|\alpha\rangle$，$|\beta\rangle$ を，$\hat{S}^2$，$\hat{S}_z$ の同時固有関数として，

さんぽ道　スピン角運動量の固有状態のベクトル表記

$|\alpha\rangle$ と $|\beta\rangle$ を，ノルム 1 で直交するベクトルとして具体的に表現するには 2 次元ベクトルを用いて，

$$|\alpha\rangle = \begin{pmatrix}1\\0\end{pmatrix} \quad , \quad |\beta\rangle = \begin{pmatrix}0\\1\end{pmatrix}$$

と表せばればよいのです．この表記は，ベクトルの上の成分が $|\alpha\rangle$ 状態を，下の成分が $|\beta\rangle$ 状態を表しています．$\begin{pmatrix}1\\0\end{pmatrix}$ と $\begin{pmatrix}0\\1\end{pmatrix}$ というベクトルは両方ともノルムが 1 で，互いに直交します．

$$\hat{S}^2|\alpha\rangle = \frac{1}{2}\left(\frac{1}{2}+1\right)\hbar^2|\alpha\rangle \quad , \quad \hat{S}^2|\beta\rangle = \frac{1}{2}\left(\frac{1}{2}+1\right)\hbar^2|\beta\rangle$$

$$\hat{S}_z|\alpha\rangle = \frac{1}{2}\hbar|\alpha\rangle \quad , \quad \hat{S}_z|\beta\rangle = -\frac{1}{2}\hbar|\beta\rangle$$

を満たさなくてはなりません．また，

$$\hat{S}_+|\alpha\rangle = 0 \quad , \quad \hat{S}_+|\beta\rangle = \hbar|\alpha\rangle$$
$$\hat{S}_-|\alpha\rangle = \hbar|\beta\rangle \quad , \quad \hat{S}_-|\beta\rangle = 0$$

も，当然満たしていなくてはなりません．

固有状態でない一般の状態

量子力学ですから，状態の重ね合わせが成り立っていなくてはならず．このベクトルも当然重ね合わせられます．固有状態でない一般の状態は，

$$|\gamma\rangle = c_\uparrow|\alpha\rangle + c_\downarrow|\beta\rangle$$

のように，固有状態 $|\alpha\rangle$ と $|\beta\rangle$ の線形結合で表されます．係数の添え字に使った上向き，下向きの矢印↑，↓ですが，$|\alpha\rangle$ と $|\beta\rangle$ をそれぞれスピン状態がアップの状態，ダウンの状態などとよぶこともありますので，その感じを表している書き方です．

さんぽ道　電子のスピン状態を完全に記述するベクトル

Step3 で，関数はベクトルとしてとらえることができるという説明をしました．1次元空間の座標 x の関数 $f(x)$ は，座標の何ヵ所か，たとえば n 箇所でサンプルして，

$$f(x_1),\ f(x_2),\ \cdots,\ f(x_n)$$

という n 個の数値を得れば，この数値列の作るベクトルは元の関数を近似的に表しています．また，その n 箇所での値のみが問題になる状況であれば，そのベクトルは完全に状態を表しているわけです．ここで考えているスピンの複素 2 次元ベクトル $|\alpha\rangle$ と $|\beta\rangle$ は，もうそれだけで完全に電子のスピン状態を記述しているわけです．これをスピン波動関数という場合もあるようです．

$|\alpha\rangle$ と $|\beta\rangle$ は，この 2 つで，スピン状態を記述するヒルベルト空間の正規直交完全系 →p.73 を成しています．

全角運動量

スピンも含めた電子の**全角運動量** $\vec{J}$ は，軌道角運動量とスピン角運動量の和となり，次のようになります．

全角運動量　軌道角運動量　スピン角運動量

$$\vec{J} = \vec{L} + \vec{S}$$

ただし，$\vec{J}$ に対応する量子数は，$l - s$ から $l + s$ までの範囲にある整数に制限されます．

10.6

水素原子モデル

最初にもいったが，水素原子のスペクトル線の系列（分光学ではバルマー系列といわれる）をみごとに説明できたことは，量子力発展初期の大きな成果だった．その理論を簡単に見てみるぞ．

これまで勉強してきた角運動量とスピンが役に立つのですね．

水素原子の構造

水素原子は，陽子 1 個からなる原子核に電子 1 個が束縛された系です．2 つの粒子が関与しているわけですが，陽子は電子に対して 1800 倍の質量をもつので，固定された陽子のまわりを軽い電子が運動しているという

「1体問題」の描像で考えます．

極座標の原点に陽子があって，原点からの距離rに反比例する**クーロン力ポテンシャル場**を作っているとします．水素原子のクーロン力ポテンシャルは，

$$V(r) = -\frac{e^2}{4\pi\varepsilon_0}\frac{1}{r} \quad ㉑$$

クーロン力ポテンシャル：$V(r)$
電子の素電荷：e
真空の誘電率：ε_0
原点からの距離：r

と表せます（図10-4）．このように，原点からの距離rだけに依存する力の場を**中心力場**といいます．

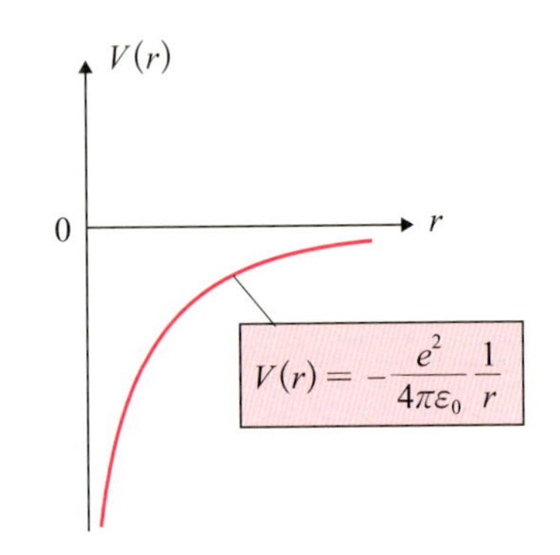

図10-4　水素原子のクーロンポテンシャル場

水素原子のシュレーディンガー方程式

中心力場になっていますので，解かなくてはならないのは，動径方向のシュレーディンガー方程式（式⑳）に，式㉑のクーロン力ポテンシャル場を代入した，

$$-\frac{\hbar^2}{2m}\frac{\mathrm{d}^2}{\mathrm{d}r^2}u(r)+\frac{\hbar^2}{2m}\frac{l(l+1)}{r^2}u(r)-\frac{e^2}{4\pi\varepsilon_0}\frac{1}{r}u(r)=Eu(r) \qquad ㉒$$

です．この微分方程式を厳密に解くことはかなり難しいので割愛し，結論だけを示しますと，微分方程式（式㉒）より，

$$E=E_n=-\left(\frac{e^2}{4\pi\varepsilon_0}\right)^2\frac{m}{2\hbar^2}\frac{1}{n^2} \qquad ㉓$$

$$(n=1,\ 2,\ 3,\ \cdots\ ,\quad n\geq l+1)$$

のときのみ，解が存在するという結論が得られます．

シュレーディンガー方程式の解と水素元素のエネルギー準位

この式㉓で**水素原子のエネルギー準位**が説明されます（図 10-5）．

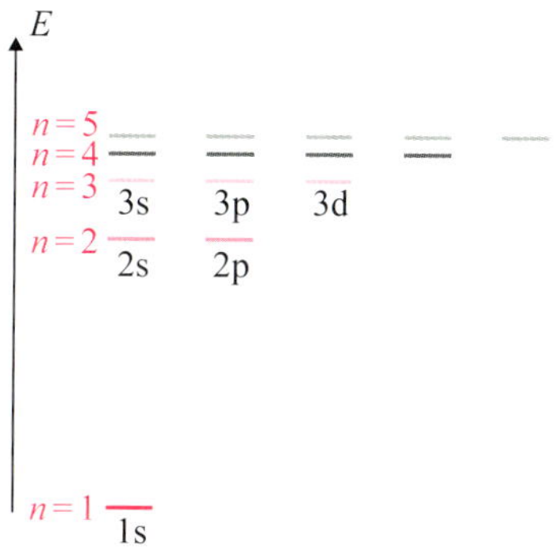

図 10-5　水素原子のエネルギー準位

$n' > n$ の準位から，n の準位に電子が落ちるときに，その差に相当するエネルギーが，$\lambda = \dfrac{h}{E}$ という波長の光を放出するのです．$n = 1$ との差がライマン系列．バルマー系列は $n = 2$ の準位との差，パッシェン系列は $n = 3$ との差のエネルギーになっています．ここで現れた量子数 n を**主量子数**とよびます．

水素原子の動径方向の波動関数

もとの3次元シュレーディンガー方程式を変数分離して，動径方向の波動関数にしたものが，式⑱

$$-\frac{\hbar^2}{2m}\left(\frac{\mathrm{d}^2}{\mathrm{d}r^2} + \frac{2}{r}\frac{\mathrm{d}}{\mathrm{d}r} - \frac{\lambda}{r^2}\right)R(r) + V(r)R(r) = ER(r) \qquad ⑱$$

でした．上の議論で式㉒の $u(r)$ は，$u(r) = rR_{nl}(r)$ となっています．

$R_{nl}(r)$ は，動径方向の波動関数ですが，これが電子密度にそのまま対応するのではありません．原点からの距離 r という場所は，半径 r の球面の面積 $4\pi r$ だけあるので，$4\pi r^2|R_{nl}(r)|^2$ が距離 r に電子が発見される確率に比例します．ですから，$u(r) = r\cdot R_{nl}(r)$ のほうが，その絶対値の2乗 $|r\cdot R_{nl}(r)|^2$ が位置 r で発見される確率になるという意味で，電子雲というような考え方をする場合にはわかりやすいのです．

ここで，固有関数 R_{nl} を，n が小さい場合について書いておきましょう．添え字 l は習慣に合わせて s，p，d，f …という記号で書きます．また，a_0 は**ボーア半径**とよばれる原子の世界での長さの単位です．

> s，p，d，f という記号はそれぞれ，sharp，principal，diffuse，fundamental の頭文字で，分光学に由来する．f の次はアルファベット順で g になるぞ．

$$a_0 = \frac{4\pi\varepsilon_0\hbar^2}{me^2} = 5.29 \times 10^{-11}\,\mathrm{m}$$

すると，式⑱の変数分離した方程式の解（すなわち固有関数 R_{nl}）は次のように書けます．

$$R_{1s} = \left(\frac{1}{a_0}\right)^{\frac{3}{2}} 2e^{-\frac{r}{a_0}}$$

$$R_{2s} = \left(\frac{1}{a_0}\right)^{\frac{3}{2}} \frac{1}{\sqrt{2}}\left(1 - \frac{1}{2}\frac{r}{a_0}\right)e^{-\frac{r}{2a_0}}$$

$$R_{2p} = \left(\frac{1}{a_0}\right)^{\frac{3}{2}} \frac{1}{2\sqrt{6}}\frac{r}{a_0}e^{-\frac{r}{2a_0}}$$

$$R_{3s} = \left(\frac{1}{a_0}\right)^{\frac{3}{2}} \frac{2}{3\sqrt{3}}\left\{1 - \frac{2}{3}\frac{r}{a_0} + \frac{2}{27}\left(\frac{r}{a_0}\right)^2\right\}e^{-\frac{r}{3a_0}}$$

$$R_{3p} = \left(\frac{1}{a_0}\right)^{\frac{3}{2}} \frac{8}{27\sqrt{6}}\frac{r}{a_0}\left(1 - \frac{1}{6}\frac{r}{a_0}\right)e^{-\frac{r}{3a_0}}$$

$$R_{3d} = \left(\frac{1}{a_0}\right)^{\frac{3}{2}} \frac{4}{81\sqrt{30}}\left(\frac{r}{a_0}\right)^2 e^{-\frac{r}{3a_0}}$$

$$\vdots$$

n は $u(r) = rR_{nl}(r)$ が r 軸と交わる点（零点）の数に一致します（図10-6）．

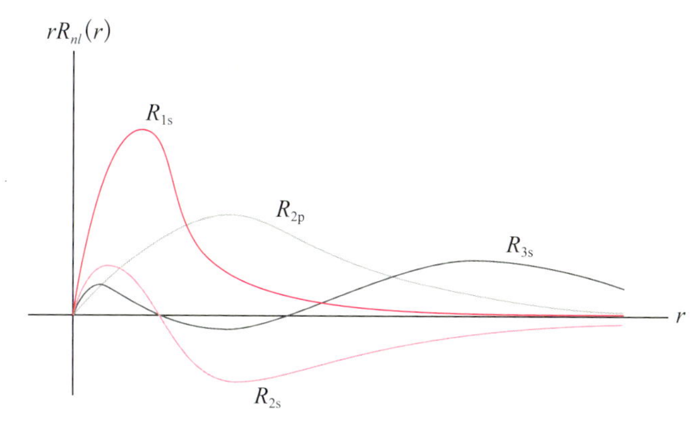

図 10-6　$R_{nl}(r)$ のグラフ

原子の電子軌道構成原理

以上の話をまとめましょう．

・水素原子モデルでは，固有状態は4つの**量子数**，すなわち，**主量子数** n，**方位量子数** l，**磁気量子数** m，**スピン磁気量子数** m_s で分類される．

・それらの量子数の範囲

$n = 1, 2, 3, \cdots$　⇒　**エネルギー準位**が決まる

$\max l = n - 1,\ l = 0, 1, 2, \cdots$　⇒　**角運動量の大きさ**が決まる

（ある1つの n に対して n 通りある）

$\max|m| = l,\ m = \cdots, -2, -1, 0, 1, 2, \cdots$

⇒　**角運動量の z 成分**が決まる

（ある1つの l に対して $2l + 1$ 通りある）

$m_s = \pm\dfrac{1}{2}$　⇒　**スピンの上向き下向き**が決まる（2通りある）

水素原子では電子は1個ですから，このように分類された固有状態のどれかに定常状態では電子は存在するということになります．

では，ヘリウム以上の電子数が複数の原子ではどうなるでしょうか．中心力場であることは同じなので，原子核の陽子数の違いだけで基本的には同じです．しかし電子が2個以上であることから，多体問題になります．すでに原子核がある以上，3体以上の問題です．ですが，電子どうしの相互作用はないという近似をすると，水素原子模型の固有状態に複数の電子を割り付けるという描像ができます．その際に重要なのが**パウリの排他原理**です．

➡さんぽ道　**ボーズ粒子**

フェルミ粒子に対して**ボーズ粒子**というものがあって，光子や音子（フォノン，格子振動の量子）です．それは波動や力の場の粒子でスピンは整数です．

パウリの排他原理	フェルミ粒子は同一の量子状態を2つ以上が占めることはできない.

フェルミ粒子とは，電子や陽子のようないわば物質粒子でスピンは半整数です.

ここでは電子を考えているので，この原理が当てはまります．パウリの排他原理には，「同一の軌道に2つまでしか電子は入ることができない」と書かれていますが，同一の軌道とは空間的運動状態のことをいっているので，スピンまで考えるとそれに上向きと下向きの2つの電子を対応させられるのです．この原理で考えると，**元素の周期律表**も自然に理解できてくるのです.

水素原子モデルは，ほかの原子などについて考えていくときの基礎となるから大事だということがわかったかな？

はい．Step 8で学んだバンド理論で，元素のちがいによってどのバンドまで電子が詰まるのかも，このモデルで見えてくるのですね.

よくがんばったな.

Step 10 で学んだこと

1. 軌道角運動量作用素の形を求め，その交換関係を決めた．
2. 交換関係から，$\hat{L}^2$ と $\hat{L}_z$ の 2 つが同時確定可能で，それ以上は同時に決められない．$\hat{L}^2$ の固有値は $l(l+1)\hbar^2$，$\hat{L}_z$ の固有値は $m\hbar$ である．そして，ある l の値に対して，$2l+1$ 通りの m の値が縮退していることがわかった．
3. 中心力場を扱うために，3 次元シュレーディンガー方程式を，動径方向と角度方向の方程式に分離した．そして，角度方向の方程式の解は，球面調和関数 $Y_l^m(\theta,\phi)$ であり，動径方向の方程式の解が $R_{nl}(r)$ であることがわかった．
4. 電子には 2 つの値をとる「スピン」という，空間運動によらない内部自由度があることを知った．
5. 水素モデルでは，電子の定常状態は，主量子数 n，方位量子数 l，磁気量子数 m，スピン磁気量子数 m_s の 4 つの量子数で指定されることを知った．

おわりに

◆ 量子力学の世界観

21 世紀の現代においても，量子力学をはじめて学ぶ際，多くの人はカルチャーショックに遭遇するのではないでしょうか．古典力学では，理論に現れている概念が，現実世界に直接的な対応物をもっています．現実世界においての運動や変化については誰しも直感をもっているわけです．ですから，理論の中においても細かいことはわからなくても，近似した理論を学んだ後，さらに詳しい予言をするためには理論のどこを改良すればよいのか見当がつくでしょう．しかし量子力学では，ある具体的なモデルについて計算をしているとき，このステップまでは出るけれど，次には一体何をすればよいのだろうかと途方に暮れるという経験が，少なくとも筆者には何度もありました．他の分野では，必ずしも実世界そのままではないモデル化をした理論においても，何かしらの直感が働き，ここをいじれば多分結果がこんな風に変わるのではないか，というイメージがわくものです．たとえそれが間違っていることが多いにしろ，です．

量子力学とその他の科学理論の間に横たわる，世界を記述する枠組みの違いは，現在でもいかんともしがたい自然観の相違を伴っているのだと思います．量子力学建設期には，量子力学に現れる概念について，建設者たちの間で大論争がいくつもありました．それが，ボーアが主導した正当解釈と呼ばれる解釈（コペンハーゲン解釈）に収束していき，少なくとも日本では 20 世紀の第 3 四半世紀までは来たのだと思います．ボーアの晦渋な主張は，一見思考停止のススメのようにも見えますが，世界の若き俊英たちが，量子力学の基礎，量子力学の哲学などという（多分大人の見解では）非生産的な研究の沼に落ち込むことを防ぎたかったのでしょう．物性論，素粒子論，宇宙論などの諸現象を（ボーアの時代にはそこまで予測するのは困難だったでしょうが）量子力学という，与えられてしまった武器を手に解明し，さらにはその武器を改良していくように望んだのかも知れません．それは大成功だったといえるでしょう．

その風向きが変わったのは 1980 年頃からでした．その時代になると超低温測定技術，超高感度測定技術，超微細加工技術（ナノ・テクノロジー）の飛躍的な進展により，アインシュタインとボーアの実在や局所理論ということに関する思考実験を駆使した論争や，シュレーディンガーの猫という思考実験に肉迫する実験ができるようになってきました．量子力学は 19 世紀の産業界の問題に端のひとつを発しているといわれますが，20 世紀末では，電子工学や化学という応用科学の階層を通してではなく，先端技術が直接に基礎概念と結びついたのでした．それには，これも同じく 1980 年代から研究されはじめていた量子コンピュータという技術のための研究も相俟っています．その頃から，量子力学の基礎や概念について論ずることは，タブーでも何でもなくなりました．

ポピュラーサイエンスにおいても，それまでは，量子力学は実生活に深く浸透している技術に結びついているのにあまり人気がありませんでした．しかしいまでは，相対性理論ばかりがもてはやされていたという状況も大幅に変わってきました．量子力学の「不思議さ」が喧伝されています．

◆ 量子力学を学ぶ

量子力学を将来使うために「シュレーディンガー方程式」を学習する際，計算はできるけれどもどうしてそのような計算で自然が説明できるのかわからない．納得できない．どこか遠隔操作で自然と向き合っているようだという感覚を覚えることがあるでしょう．それに対して，教える側は，「その困難は，まったく違ったパラダイムの理論を学んでいるのだから当然だ．たくさんの問題をこなしていくうちに，慣れて肉体化しいって，量子力学が自然に思えてくる．その枠組みで自然を見ていくようになってくる．古典世界はその局限に過ぎないと思えてくる」という示唆をするのでないかと思います．

人類の自然観，体感，直感は数世代の時間では変わらないでしょうが，それでも，仕事で量子力学を使っていく人は，そのうちに何かを体得するでしょう．しかし，仕事に使うというのではない人は，使うことに慣れることはないわけです．ですから腑に落ちないという点を難しい学習を通してではなく解消したいと思うでしょう．それには，量子力学の基礎概念を調べてみるという方向性と，理論の構造を考えてみるという方向性があると思います．この本では，前半では理論の構成について述べ，後半では将来その理論を使う人が最初に習う問題を少し体験してみるという構成にしました．

ただし，いろいろなパラドキシカルな現象や世界観についての哲学的な議論はとり上げていません．また，量子力学の歴史にも触れていません．それから，理論の構成を考えるといっても，公理論的に理論を示していくわけではなく，理論構造のひとつの整理法を示してみたつもりです．読者には，どこが腑に落ちないのかを，自ら見いだして欲しいのです．

この本の後，もう一度量子力学の教科書に戻ってみると，続けて学ばなくてはならないことが目白押しです．散乱の理論，解けるモデルからの少しのずれを論ずる摂動論，多体問題の一電子近似，変分法，相対論的電子論などを学んだあと，いよいよ電子のような粒子の量子力学ではなく，電磁場などの場の量子力学である「場の量子論」になります．それには第2量子化とよばれる方法が使われていて，そこではある意味で，波動と粒子の2重性が解消されるといわれることがあります．そこまでが量子力学のひと通りのコースです．

◆ 新しい概念と古典的名著

ここでちょっと先どりしてひと言触れておきたいことがあります．それは，計算法であるとか近似法が，上の階層での概念や描像を作るということです．それはわれわれが世界をどう階層化，分節化しているのかということに関係したことです．

場の量子論で，電子と光子の相互作用の近似計算（摂動計算）をする際にその複雑な計算式を間違えずに書き下すために考案されたといわれる，「ファインマン・ダイアグラム」という図式があります．近似法は，元来は厳密に解くことができなくてしかたなくするものです．その道具であるファインマン・ダイアグラムは，見てきたように電子や光子のふるまいを図で表すのですが，それは量子力学の計算を間違えないためという目的を超えて，我々にミクロな対象の反応を「見せて」くれるのです．何か確かな，土台となった理論の上の階層の存在物となって新たな概念を提供してくれるのです．これはもしかしたら，「慣れろ」ということの究極かもしれません．そのような新しい存在物が役者となって，新しい賑やかな世界が見えてくるのです．

でもそれはまだ先の話．量子力学が腑に落ちないという読者にお勧めしたいのは，哲学話などよりも，ゆったりとした，朝永振一郎『量子力学 I，II』であるとか，理論の美を堪能させてくれる，ディラック『量子力学の基礎』，それに，物理の達人ファインマンの『ファインマン物理学　量子力学』などを読んでみられることです．

最後に，面倒な校正作業をしてくださった，化学同人の後藤南氏に感謝いたします．

2016 年 7 月

棒葉　豊

付録公式集

三角関数

$$\sin(x \pm y) = \sin x \cos y \pm \cos x \sin y$$

$$\cos(x \pm y) = \cos x \cos y \mp \sin x \sin y$$

$$\sin 2x = 2 \sin x \cos x$$

$$\cos 2x = \cos^2 x - \sin^2 x = \begin{cases} 1 - 2\sin^2 x \\ 2\cos^2 x - 1 \end{cases}$$

$$\sin^2 \frac{x}{2} = \frac{1 - \cos x}{2}$$

$$\cos^2 \frac{x}{2} = \frac{1 + \cos x}{2}$$

$$\sin x \pm \sin y = 2 \sin\left(\frac{x \pm y}{2}\right)\cos\left(\frac{x \mp y}{2}\right)$$

$$\cos x + \cos y = 2 \cos\left(\frac{x + y}{2}\right)\cos\left(\frac{x - y}{2}\right)$$

$$\cos x - \cos y = 2 \sin\left(\frac{x + y}{2}\right)\sin\left(\frac{y - x}{2}\right)$$

$$\sin x \sin y = \frac{1}{2}\{\cos(x - y) - \cos(x + y)\}$$

$$\cos x \cos y = \frac{1}{2}\{\cos(x - y) + \cos(x + y)\}$$

$$\sin x \cos y = \frac{1}{2}\{\sin(x - y) + \sin(x + y)\}$$

指数・対数

$$x^0 = 1 \qquad x^n \cdot x^m = x^{n+m} \qquad (x^n)^m = x^{nm}$$

$$\log_e xy = \log_e x + \log_e y$$

$$\log_e \frac{x}{y} = \log_e x - \log_e y$$

$$\log_e x^y = y \log_e x$$

$$e^{\pm ix} = \cos x \pm i \sin x$$

$$\sin x = \frac{e^{ix} - e^{-ix}}{2i}$$

$$\cos x = \frac{e^{ix} + e^{-ix}}{2}$$

微　分

$$\frac{d}{dx} x^n = n x^{n-1}$$

$$\frac{d}{dx} e^{ax} = a e^{ax}$$

$$\frac{d}{dx} \log_e x = \frac{1}{x}$$

$$\frac{d}{dx} \log_a x = \frac{1}{x \log_e a}$$

$$\frac{d}{dx} \sin kx = k \cos kx$$

$$\frac{d}{dx} \cos kx = -k \sin kx$$

$$\frac{d}{dx}(f + g) = \frac{df}{dx} + \frac{dg}{dx}$$

$$\frac{d}{dx}(f \cdot g) = f\frac{dg}{dx} + g\frac{df}{dx}$$

$$\frac{d}{dx}\left(\frac{f}{g}\right) = \frac{1}{g}\frac{df}{dx} - \frac{f}{g^2}\frac{dg}{dx}$$

$$\frac{d}{dx}(af + bg) = a\frac{df}{dx} + b\frac{dg}{dx}$$

●合成関数の微分法

$f(x) = f(g(t))$ のとき，

$$\frac{df}{dt} = \frac{df}{dg}\frac{dg}{dt}$$

●偏微分

$$\left(\frac{\partial y}{\partial x}\right)_z \left(\frac{\partial x}{\partial z}\right)_y \left(\frac{\partial z}{\partial y}\right)_x = -1$$

$$\left(\frac{\partial y}{\partial x}\right)_z = \frac{1}{\left(\frac{\partial x}{\partial y}\right)_z}$$

積　分

$$\int af(x)\,\mathrm{d}x = a\int f(x)\,\mathrm{d}x$$

$$\int \{f(x)+g(x)\}\,\mathrm{d}x = \int f(x)\,\mathrm{d}x + \int g(x)\,\mathrm{d}x$$

$$\int \sin x\,\mathrm{d}x = -\cos x + C$$

$$\int \cos x\,\mathrm{d}x = \sin x + C$$

$$\int \log_e x\,\mathrm{d}x = x\log_e x - x + C$$

$$\int x^n\,\mathrm{d}x = \frac{x^{n+1}}{n+1} + C \qquad (n \neq -1)$$

$$\int \frac{1}{x}\,\mathrm{d}x = \log_e x + C$$

$$\int_0^\infty x^n \mathrm{e}^{-ax}\,\mathrm{d}x = \frac{n!}{a^{n+1}}$$

● $\int f(x)\,\mathrm{d}x = F(x) + C$, $\int g(x)\,\mathrm{d}x = G(x) + C'$ のとき,

$$\int (af + bg)\,\mathrm{d}x = aF(x) + bG(x) + C''$$

●部分積分法

$$\int \frac{\mathrm{d}f}{\mathrm{d}x}\cdot g\,\mathrm{d}x = -\int f\frac{\mathrm{d}g}{\mathrm{d}x}\,\mathrm{d}x + f\cdot g$$

●置換積分法

$t = g(x)$ とすると, $\int f(g(x))\frac{\mathrm{d}g}{\mathrm{d}x}\,\mathrm{d}x = \int f(t)\,\frac{\mathrm{d}t}{\mathrm{d}x}\,\mathrm{d}x = \int f(t)\,\mathrm{d}t = F(g(x)) + C$

$x = h(t)$ とすると, $\int f(x)\,\mathrm{d}x = \int f(h(t))\frac{\mathrm{d}x}{\mathrm{d}t}\,\mathrm{d}t = \int f(h(t))\frac{\mathrm{d}h}{\mathrm{d}t}\,\mathrm{d}t$

周期関数のフーリエ級数

$$f(x) = \frac{a_0}{2} + \sum_{n=1}^{\infty}(a_n \cos nx + b_n \sin nx)\,\mathrm{d}x$$

$$a_n = \frac{1}{\pi}\int_0^{2\pi} f(x)\cos nx\,\mathrm{d}x$$

$$b_n = \frac{1}{\pi}\int_0^{2\pi} f(x)\sin nx\,\mathrm{d}x$$

周期関数または有限区間の関数を，さまざまな波長の三角関数の和として表す．そのときの重みづけ係数がフーリエ係数 a_n，b_n である．

無限空間のフーリエ変換

$f(x)$ のフーリエ変換を $\alpha(k)$ とすると，

$$\alpha(k) = \frac{1}{\sqrt{2\pi}}\int_{-\infty}^{\infty} f(x)\mathrm{e}^{-ikx}\,\mathrm{d}x$$

逆変換は

$$f(x) = \frac{1}{\sqrt{2\pi}}\int_{-\infty}^{\infty} \alpha(k)\mathrm{e}^{ikx}\,\mathrm{d}k$$

フーリエ変換は，$f(x)$ を，要素となっている波数 k の波 e^{ikx} に分解している．その分解された重みが $\alpha(k)$ である．逆変換はその要素 e^{ikx} を，重み $\alpha(k)$ として合成して $f(x)$ を復元している．

テイラー展開

$$(1+x)^n = 1 + nx + \frac{n(n-1)}{2!}x^2 + \frac{n(n-1)(n-2)}{3!}x^3 + \cdots\cdots \qquad (x^2 < 1)$$

$$\log_{\mathrm{e}}(1+x) = x - \frac{1}{2}x^2 + \frac{1}{3}x^3 - \cdots\cdots = \sum_{n=1}^{\infty}(-1)^{n-1}\cdot\frac{1}{n}x^n \qquad (-1 < x \leq 1)$$

$$\mathrm{e}^x = 1 + x + \frac{1}{2!}x^2 + \cdots\cdots = \sum_{n=0}^{\infty}\frac{1}{n!}x^n$$

$$\sin x = x - \frac{x^3}{3!} + \frac{x^5}{5!} - \frac{x^7}{7!} + \cdots\cdots = \sum_{n=0}^{\infty}\frac{(-1)^n}{(2n+1)!}x^{2n+1}$$

$$\cos x = 1 - \frac{x^2}{2!} + \frac{x^4}{4!} - \frac{x^6}{6!} + \cdots\cdots = \sum_{n=0}^{\infty}\frac{(-1)^n}{(2n)!}x^{2n}$$

テイラー展開は，無限回微分可能な関数をべき級数で表すこと．

さくいん

数字・欧文

ア　行

カ　行

サ　行

■著者

榛葉 豊（しんば ゆたか）

慶應義塾大学大学院工学研究科博士課程修了．工学博士．家業の旅館経営と慶應義塾大学研究員を経て，1987～2002年同大学非常勤講師．1991年，静岡理工科大学設置準備室を経て，同大学理工学部講師に着任．現在は同大学総合情報学部講師．専攻は，科学哲学，科学基礎論，科学技術社会論，物理学．著書に『頭の中は最強の実験室』，訳書に『数字マニアック』（ともに化学同人）がある．

今度こそ理解できる！
シュレーディンガー方程式入門

2016年8月20日　第1刷　発行

著　者　榛葉　豊
発行者　曽根良介
発行所　(株)化学同人

検印廃止

〒600-8074 京都市下京区仏光寺通柳馬場西入ル
編集部 TEL 075-352-3711　FAX 075-352-0371
営業部 TEL 075-352-3373　FAX 075-351-8301
振　替　01010-7-5702
E-mail　webmaster@kagakudojin.co.jp
URL　http://www.kagakudojin.co.jp
印刷・製本　(株)シナノパブリッシングプレス

ISBN978-4-7598-1830-7